高等院校光电专业实验系列教材

Optics

光学实验

主　编　刘胜德　钟丽云
副主编　戴峭峰　罗爱平

暨南大学出版社
JINAN UNIVERSITY PRESS

中国·广州

图书在版编目（CIP）数据

光学实验／刘胜德，钟丽云主编；戴峭峰，罗爱平副主编．—广州：暨南大学出版社，2017.7
（高等院校光电专业实验系列教材）
ISBN 978－7－5668－2121－8

Ⅰ．①光…　Ⅱ．①刘…②钟…③戴…④罗…　Ⅲ．①光学—实验—高等学校—教材
Ⅳ．①O43－33

中国版本图书馆 CIP 数据核字（2017）第 123163 号

光学实验
GUANGXUE SHIYAN
主　编：刘胜德　钟丽云　副主编：戴峭峰　罗爱平

出 版 人：徐义雄
责任编辑：潘雅琴　崔思远
责任校对：邓丽藤
责任印制：汤慧君　周一丹

出版发行：暨南大学出版社（510630）
电　　话：总编室（8620）85221601
　　　　　营销部（8620）85225284　85228291　85228292（邮购）
传　　真：（8620）85221583（办公室）　85223774（营销部）
网　　址：http：//www.jnupress.com
排　　版：广州良弓广告有限公司
印　　刷：佛山市浩文彩色印刷有限公司
开　　本：787mm×1092mm　1/16
印　　张：11.75
字　　数：268 千
版　　次：2017 年 7 月第 1 版
印　　次：2017 年 7 月第 1 次
定　　价：35.00 元

序

光电信息产业是21世纪国家重点支持的战略性产业。为适应光电信息产业发展对人才培养的需求，许多高校都设置了与光电信息产业密切相关的光电信息科学与工程、信息工程、电子信息工程、通信工程、电子科学与技术等本科专业，建立了光电信息实验教学平台，正因如此，对相应实验教材的需求也在不断扩大。

广东省光电信息实验教学示范中心（以下简称“中心”）依托华南师范大学光学国家重点学科和信息光电子科技学院，采用“光电信息学科大类”和“光电子勷勤卓越创新人才”培养模式，旨在培养科学研究型、研发应用型和工程应用型光电信息创新人才。

经过十几年的艰苦创业和稳步发展，中心已经成为一个学科依托厚实、教学理念明确、课程体系完善、仪器设备齐全、实验内容丰富、教学方法有效、教学团队精干、管理机制科学、专业特色突出、创新人才培养效果显著的光电信息创新人才实验能力培养基地，并编写出这套“高等院校光电专业实验系列教材”。

该套光电专业实验系列教材的内容以基础性实验项目为主，将综合性和设计性实验项目融会贯通。教材实验内容层次分明，以满足不同层次学生的实验教学需求；教材实验内容丰富，许多项目设计来自现实中的工程，以满足新兴光电信息产业发展对人才培养的实验教学需求。全套教材共有三个分册，每个分册都包含基础性实验、综合性实验和设计性实验三个部分，供光电信息科学与工程、信息工程、电子信息工程、通信工程、电子科学与技术等专业的本科学生使用，难易程度以及对实验设备的需求与现阶段光电产业的发展相适应。第一分册是《光学实验》，主要围绕工程光学、信息光学、激光原理等课程的基础实验和创新设计等内容编写；第二分册是《光电及电子技术实验》，主要围绕数字电路、模拟电子技术和光电技术等课程的基础实验和光电系统设计等内容编写；第三分册是《光通信与自动控制实验》，主要围绕通信原理、光纤通信、嵌入式系统、计算机网络等课程的基础实验和光通信系统设计等内容编写。

本教材是该套光电专业实验系列教材的第一分册，主要围绕工程光学、信息光学及激光原理等课程的基础性实验、综合性实验和设计性实验内容编写。全书由钟丽云老师统稿，其中工程光学实验部分由罗爱平老师编写，激光原理实验部分由戴峭峰老师编写，其余部分由刘胜德老师编写。

在编写该套实验教材的过程中，我们参考了许多院校相关专业教材的编写经验，同时，教材的编写得到了广东省教育厅和华南师范大学的大力支持，在此一并感谢。另外，本套实验教材来自教学多年的实验讲义，难免存在缺漏和不足之处，敬请使用本套教材的师生批评指正。

“高等院校光电专业实验系列教材”编委会

2017年春于广州

目　录

序 …… 1

绪　论 …… 1

第1章　光学实验的预备知识 …… 3

1.1　光学实验室的注意事项 …… 3

1.2　实验教学的基本装置及器件 …… 6

1.3　实验教学的基本实验技术 …… 15

1.4　记录介质与处理技术 …… 21

第2章　工程光学实验 …… 26

2.1　测量透镜组的节点位置及焦距 …… 26

2.2　自组光学显微镜 …… 30

2.3　自组透射式投影仪 …… 33

2.4　光学系统中景深的测量 …… 35

2.5　光学系统中孔径光阑与视场光阑的测量 …… 39

2.6　干涉条纹与衍射条纹光强分布测量 …… 44

2.7　偏振光的产生与检测 …… 48

2.8　刀口法测量光斑尺寸 …… 52

第3章　信息光学实验 …… 56

3.1　干涉实验 …… 56

3.2　泰伯效应的观察与应用 …… 60

3.3　傅里叶频谱的观察与分析 …… 65

3.4　卷积定理的演示 …… 68

3.5　低频全息光栅的特性及制作技术 …… 70

3.6　全息透镜的制备及应用 …… 76

3.7　三维全息图的拍摄与再现 …… 81

3.8　一步像面全息图的拍摄与再现 …… 85

3.9　阿贝—波特成像及空间滤波 …… 88

3.10　θ调制空间假彩色编码 …… 92

第 4 章　激光原理实验 …… 98
4.1　氦氖激光器谐振腔调节与功率测量实验 …… 98
4.2　共焦球面扫描干涉仪调节实验 …… 103
4.3　氦氖激光纵模正交偏振与模式竞争观测实验 …… 108
4.4　高斯光束参数测量实验 …… 116
4.5　高斯光束变换与测量实验 …… 122
4.6　半内腔式氦氖激光器等效腔长测量实验 …… 129
4.7　激光横模变换与参数测量实验 …… 133

第 5 章　液晶空间光调制器及其应用研究 …… 139
5.1　液晶空间光调制器的原理及液晶取向测量实验 …… 140
5.2　液晶空间光调制器的振幅调制测量实验 …… 143
5.3　液晶空间光调制器的相位调制测量实验 …… 147
5.4　液晶空间光调制器的相位调制校正实验 …… 151
5.5　微光学元件设计与测量实验 …… 153
5.6　菲涅耳非相干数字全息系统测量实验 …… 160

第 6 章　数字全息显微技术 …… 164
6.1　数字全息显微技术 …… 165

附　录

1　数据获取与处理方法规范性要求 …… 173
1.1　国际单位制与我国法定计量单位简介 …… 173
1.2　有效数字 …… 174

2　实验教学常用测量方法 …… 175
2.1　比较法 …… 175
2.2　转换法 …… 175
2.3　模拟法 …… 175
2.4　干涉法 …… 175
2.5　计算机仿真 …… 176

3　实验教学的误差分析及处理 …… 177
3.1　系统误差的来源 …… 177
3.2　系统误差的消除方法 …… 177
3.3　逐差法和最小二乘法 …… 177

参考文献 …… 180

绪　论

光学的发展离不开理论与实验，光学实验是一门与理论课程同样重要的独立课程，是光学发展的策源地和策动力。光学工程是光学在工程技术应用领域的延伸，它应用光学原理和方法，解决、处理光学以及相关技术领域科学研究和生产实践中的工程技术问题。20世纪中叶，产生了全息术和以傅里叶光学为基础的光学信息处理的理论和技术。特别是20世纪60年代初，激光器的诞生使光子成为信息和能量的载体。

一、实验教学的基本任务

通过实验，学习与掌握基本的实验技巧、实验原理和实验方法，训练综合运用各科知识的能力，培养独立思考、分析问题、解决问题的能力，同时培养促进知识创新和拓展的能力。实验教学的基本任务是系统地传授科学实验的理论和基础知识、实验技术、实验方法和实验设计思想，在此基础上通过实验训练，培养学生的综合实践能力，以及严肃的科学态度、严格的科学作风、严谨的科学思维习惯和强烈的创新意识。通过综合性实验和设计性实验，开拓学生视野，培养学生的设计能力、解决实际问题的能力和创新思维能力。

根据实验目的的不同，可以把科学实验分为定性实验、定量实验和结构分析实验；根据实验手段是否直接作用于被研究对象，可以分为直接实验和模拟实验。无论何种实验，实验者都是实验的主体，在实验过程中，我们一定要注意主体意识，积极地投入实验中去，可以与同学们交流，但不允许抄袭实验结果和数据。

二、实验要求

除了必要的理论知识以外，实验课程提出以下要求。

1. 实验过程

实验过程分为三个主要阶段，即准备阶段、实施阶段、总结阶段。各阶段实验要点如下：

（1）准备阶段。

准备实验也称预习实验。实验前的准备是保证实验顺利进行并取得满意结果的前提。

①掌握相关理论，明确实验目的及意义。认真阅读实验教材，充分理解实验的理论依据和条件，明确实验目的。

②了解实验仪器、设备、材料。了解所用仪器、设备的工作原理，工作条件和操作规范，明确每一种仪器或者设备以什么理论进行设计实验，材料的选用是根据什么理论进行的。了解所做实验选用某种仪器、设备和材料的原因。

③构思实验步骤。进行具体实验操作之前，先构思实验步骤，清楚哪些干扰因素应该设法排除，哪些次要因素需要暂时避开，了解实验过程中的注意事项等。

在上述准备的基础上撰写实验预习报告，包括实验名称、实验目的、实验器材、实验原理（包括原理图）、实验步骤和实验记录表格等。

（2）实施阶段。

学生进入实验室上课时，必须携带实验教材、实验预习报告及记录本等，经指导老师检查后开始进行实验。实验过程中要注意以下两点：

①实验仪器、设备的安装与调试。实验正式开始之前，首先，要阅读仪器的操作说明书，熟悉所用的仪器、设备等的性能以及正确的操作规范和仪器的正常工作条件。其次，要全面仔细复习实验操作程序。

②实验观察。明确实验目的、测量内容和实验步骤并能正确使用实验仪器之后，开始实验观察。观察时，一定要集中精神，尽量不要受到外界干扰。认真记录实验数据，注意现象的观察和分析。

（3）总结阶段。

实验结束后，尽快整理实验数据，指导老师认为数据可行并签字之后，再回去整理实验仪器。利用课余时间分析所得的实验数据，可采用统计分析的方法，借助计算机软件等手段对数据之间的因果关系、起源关系、功能关系、结构关系等进行多层次及多角度的思考。最后全面总结并写出一份完整详细的实验报告，目的是培养学生的实验能力和科学总结能力。

2. 实验报告

实验报告的主要目的是反映实验的全过程。通过对实验全部过程的总结，掌握实验报告的撰写方法，学习并掌握绘图制表的方法；分析实验数据，掌握对实验数据分析的途径；从实验现象和数据归纳总结实验结论，不断提高分析问题和解决问题的能力，掌握科学的研究方法。

实验报告内容应包括实验题目、实验目的、实验意义、实验原理、实验装置和器材、实验步骤、实验数据处理、实验结果分析与讨论、思考题解答等。

实验目的包括基本技能训练、理论验证、设计与制作、认知感知等。

实验原理可参考实验指导书以及相关资料，实验步骤要在实验教材的基础上摘出主要部分，必要时给出实验流程图。实验现象的描述一般采用文字、图表、曲线等方式，图题、表题要简明准确，图表必须有自明性，坐标必须规范单位。

实验结果分析与讨论，是实验者运用相关理论知识对所得的实验结果进行分析和解释。当实验结果与预期结果不一致时，不要随意取舍或修改实验数据，应该认真分析出现这种结果的原因，必要时可重复实验，明确问题所在。

第1章　光学实验的预备知识

1.1　光学实验室的注意事项

1.1.1　实验规则

（1）应在开放实验时间内进行实验，不得无故缺席或迟到。

（2）实验前必须对该实验进行预习，并撰写实验预习报告。

（3）进入实验室后，将实验预习报告交给老师，老师提问检查后才可进行实验。

（4）进入实验室后，检查自己将要使用的实验仪器是否缺少或损坏。如果发现问题应及时报告老师，更换实验仪器或用其他方法解决。

（5）实验前应细心观察仪器，操作时动作要小心，严格遵守各种仪器的使用规则，不得擅自使用不该用的仪器，在激光实验室中要确认仪器的型号。仪器连接好并确认无误后方可接通电源。

（6）实验完毕将实验结果交给老师查看，合格后才算完成实验。

（7）实验时应保持室内整洁、安静。实验完毕，应将实验仪器、桌椅恢复原状，放置整齐。切勿忘记断开电源。

（8）如有仪器损坏，应及时报告实验室工作人员，说明具体情况，方便其处理。

1.1.2　光学实验室的注意事项

（1）大多数光学实验仪器是精密贵重仪器，取放仪器时，动作要轻慢，暂时不用的仪器要放回原处。在没有了解清楚实验仪器的使用方法之前，切勿触碰仪器或随意接通电源。

（2）大部分光学元件都是用玻璃制成的，光学表面经过精细抛光处理，使用时要轻拿轻放，避免元件相互碰撞、挤压，任何时候都不能用手触摸光学表面，只能触摸磨砂面。

（3）不要对着光学元件和光学系统讲话、打喷嚏或咳嗽，以免污染镜面。

（4）光学表面若落有尘埃，应该用干净、柔软的脱脂毛刷轻轻掸除，或用橡皮球吹除，严禁用嘴吹。不要随意擦拭光学表面，必要时用脱脂棉球蘸上酒精乙醚混合液轻轻擦拭，严禁用布擦拭。

（5）光学表面若蘸上油污等斑渍时，不要立即用手擦拭。因为很多光学表面都镀有特殊的光学薄膜，在擦拭之前，一定要了解清楚光学表面的情况，然后在指导老师的指导下，采取相应的措施处理。

（6）光学仪器的调节件比较精密，动作要稳、慢，切勿调节过头，以免影响精度。

（7）实验中会使用大量电子仪器，应遵照使用规则调节使用。

1.1.3 使用激光器的注意事项与安全防护

需要在光学实验室做有关激光的实验时，应在老师的指导下进行操作，不可擅自挪动或启动激光装置。要特别注意使用激光器的注意事项和安全防护，了解相关的安全知识。

一、注意事项

（1）除非得到允许，非实验室人员不得进入激光器正在运作的房间或者激光工作区域。

（2）不可直视激光束（迎着激光束射入的方向看）和它的反向光束，不允许对激光器件做任何目视准直操作。

（3）搭建实验平台时，在激光发射口高度会有一个工作平面，在激光工作中勿将头部接近这个工作平面，因为透镜及反射镜组反射、透射的光可能会入眼造成伤害。勿使激光发射口及反射镜上扬，否则易导致向上反射的激光入眼造成伤害。

（4）有些激光工作时会发射人眼不可见的红外光、紫外光，切勿认为激光器发生故障而用眼睛去检查，在检查激光器时一定要确保激光器处于断电情况下。

（5）对于人眼不可见的红外激光束，实验者更应了解实验的光路布局，并避免使自己的头部保持在激光束高度所在的水平面内。

（6）使用激光时，实验人员应除去身上所有带有闪亮表面的物体，如饰物、手表与徽章等，以免反射的光入眼造成伤害。长头发需扎起来，并戴好实验帽。

（7）禁止在激光路径上放置易燃、易爆物品，以及黑色的纸张、布、皮革等燃点低的物品（激光损伤实验除外）。

（8）脉冲（调 Q、锁模、超快）激光的峰值功率极高，可能会造成实验元件的损坏，使用前应确认实验元件的抗损伤阈值。

（9）禁止将激光瞄准任何人体、动物、车辆、门窗和天空等，对于由此带来的对目的物的伤害，操作者负有法律责任。

（10）不得在未停机前或未确认储能元件均已放电完毕的情况下检修激光设备，以免造成电击伤害。

（11）请注意，某些波段的激光（如波长低于 430nm 或高于 700nm 的激光）的视觉强度会明显弱于实际强度。

（12）使用激光时，应佩戴相应波长的激光防护镜，以保护眼睛不受到激光的伤害。

（13）实验室应保持通风干燥，以免护目镜蒙上水汽；实验室的光线始终保持明亮，屋子越亮，人的瞳孔会越小，对偏离的光束来说就是靶子更小，对人眼更安全。

（14）实验结束应断开电源，整理好实验仪器、设备，填好实验仪器使用记录本，经指导老师允许方可离开实验室。

二、安全防护

1. 激光的危害

使用激光可能对人造成的伤害分为以下五类：

（1）对眼睛的伤害：眼睛严重暴露在激光下会对角膜和视网膜造成伤害，伤害的位置和范围取决于激光的波长和级别。长期接触可能会造成白内障或者视网膜损伤，所以在操作过程中应佩戴合适的激光防护眼镜或者采用其他工程的防护手段。

（2）对皮肤的伤害：皮肤严重暴露在强的红外波段激光下可能会造成烧伤，而紫外激光可能造成烧伤、皮肤癌以及加速皮肤衰老。

（3）电学危害：在使用激光的过程中遇到最多的电学危害是电击。高压系统是激光系统中潜在的致命危险。

（4）化学危害：激光系统中的一些物质，如燃料、准分子等，具有毒性，可能会对人体造成伤害，同时，激光导致的化学反应可能会产生有害的粒子和气体。

（5）相关的非光束危害：包括低温冷却剂的危害、高能激光噪声危害以及高能激光的电离辐射。

2. 激光安全标准

（1）一级标准。

不需要任何安全规则。

（2）二级标准。

①绝对禁止任何人长时间注视激光光源。

②除非基于有益的目的并且照射强度和持续时间不超过允许的上限，否则禁止把激光器对准人的眼睛。

（3）三级标准。

①不要将激光器对准人的眼睛。

②只允许经验丰富的人操作激光器。

③尽可能使光路封闭。

④在激光的输出端应放置衰减器、起偏器和光学滤波器等，把激光的功率减小到最小的使用水平上。

⑤约束好观看者。

⑥应当使用警示灯或报警器指示激光器的工作状态。当激光（如红外激光）不可见时特别危险。

⑦只在限定的区域操作激光，例如，在一个封闭没有窗户的房间里。此外，应在门上张贴警告标志。

⑧光路要尽可能布置在高于或低于人坐着或站着观察时人眼的高度。激光器应该牢固固定，确保光束只能沿预定的路径传播。

⑨在直射、镜面反射光对人的眼睛造成潜在威胁的情况下，要确保对眼睛进行合理的保护。

⑩应当安装一个钥匙开关，以减少在没有经过同意的情况下人对实验造成的干扰。

⑪移除激光光路附近所有不需要的具有光滑表面的物品。

（4）四级标准。

①所有三级激光系统中的标准同样适用于四级激光。

②对激光的操作必须在一个局部封闭的范围内，在一个受控的工作场所里。

③对于所有受控区域内的工作人员来说，适当的眼睛保护是必需的。

④如果激光光束的辐射足以造成严重的皮肤伤害或火灾威胁，在激光光束和人、易燃表面之间必须要有保护。

⑤光快门、光偏振片、光滤波器应该仅允许经授权的个人使用。光泵体系中的闪光灯不允许照到任何可视区域。

⑥在可能的情况下，支座应该是漫反射的耐火材料。当进行微焊接或微钻孔的时候，如果有可能从工作区域引发危险的反射光，则应将其安全地包围起来。使用显微镜观察设备时，应该保证反射回来的激光未达到危险线。

1.2 实验教学的基本装置及器件

1.2.1 工作台

光学实验通常是在防震工作台上用光学元件搭建各种实验光路。一般来说，基本装置包括防震工作台和光具座，熟悉并掌握其机构、原理、特性和调试方法，有利于实验的顺利进行以及实验现象和实验结果的正确把握及分析。

一、防震工作台

防震工作台，也称光学防震台。光学实验要求相当高，实验精度和光学信息记录密度大，光学实验通常在具有优良防震性能的工作台上进行。

防震台通常由台板、台架和防震装置三部分组成。台板是用来布置光路的，其尺寸有各种规格，一般用铸铁、磁性不锈钢或大理石制成。台板的工作面称为台面。台面具有较高的平面度，以便于光路的调整，光具座在台面上可采用磁吸、气吸或者加工螺孔阵列用螺钉固定。台架用以支撑台板，并与防震装置相连。防震装置是防震台的核心部件。防震台的固有频率f_0可用下式表示：

$$f_0 = 2\pi\sqrt{\frac{K}{m}} \tag{1.1}$$

其中，K为刚度，表示单位长度形变产生的回复力；m为防震台的质量。

由式（1.1）可知，防震台的质量m越大，弹性越好，则固有频率f_0越低，与外界干扰频率差别越大，防震效果越好。

二、光具座

光具座一般由导轨、滑座、各类支架和配件等构成。导轨两侧开有精密燕尾槽，以使滑座能沿导轨平直移动，导轨中央的三角凸棱与燕尾槽平行，便于滑座在导轨上任意位置对准中心。滑座具有紧锁机构，紧固、松开均灵活方便；滑座横向、垂直方向均可自由地大范围调节。支架用于支持各类光学元件。配件一般包括各类像屏、孔屏等。

光具座操作注意事项：在光具座上进行操作时，需要进行光路的同轴等高调节。在使用时严格按照操作流程进行，严禁用手触摸定位面和光学表面。使用弹性夹持器时不要用力过大，以免损坏弹性元件。

1.2.2　常用光学元件

光学实验中的基本部件（也是核心部件）是光学元件，如透镜、平面反射镜、分束镜、光栅、波片和偏振片等。下面分别介绍它们的结构和光学性能及使用要求。

一、透镜

透镜具有成像作用，可以传递物和像的图像。根据透镜的光学性能，透镜可分为凸透镜和凹透镜两类。凸透镜是中间厚边缘薄的透镜，具有会聚作用；会聚点 F 称为透镜的焦点，透镜中心 O 到焦点 F 的距离称为焦距 f，如图 1－1（a）所示。凹透镜是中间薄边缘厚的透镜，具有发散功能；发散光的延长线与主光轴的交点 F 称为透镜的焦点，透镜中心 O 到焦点 F 的距离称为焦距 f，如图 1－1（b）所示。

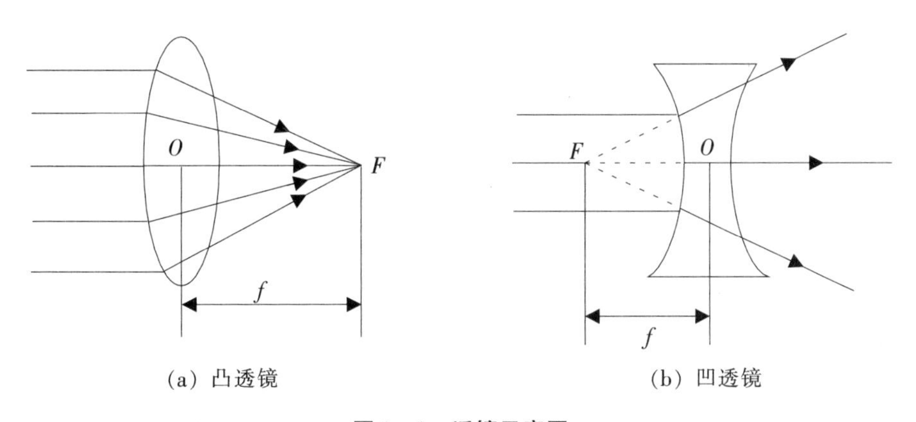

图 1－1　透镜示意图

透镜的厚度远小于其焦距的透镜称为薄透镜。在近轴光线的条件下，薄透镜的成像规律可表示为：

$$\frac{1}{l'}-\frac{1}{l}=\frac{1}{f} \tag{1.2}$$

式中，l 表示物距；l' 表示像距；f 为透镜的焦距，凸透镜的 f 取正值，凹透镜的 f 取负值。

薄透镜的厚度比它的折射球面的曲率半径 r 和焦距 f 小得多，它是用均匀透明的光学材料制成的，每块薄透镜都有一定的大小（用直径 D 来表示），且有一定的焦距。实验中，定义 f/D 为透镜的“f 数”，即光圈数，也用“F^*”来表示。相对孔径的定义是

D/f，所以 F^* 也是相对孔径的倒数。为了得到较好的成像质量，F^* 应该尽量大一些。此外，在光学系统的设计及调制中还必须尽量满足近轴条件，即 $\sin u \approx u$，$\tan u \approx u$。

二、平面反射镜

平面反射镜一般用于折转光路，其直径大小根据折转光束的直径而定，如图 1－2 所示。

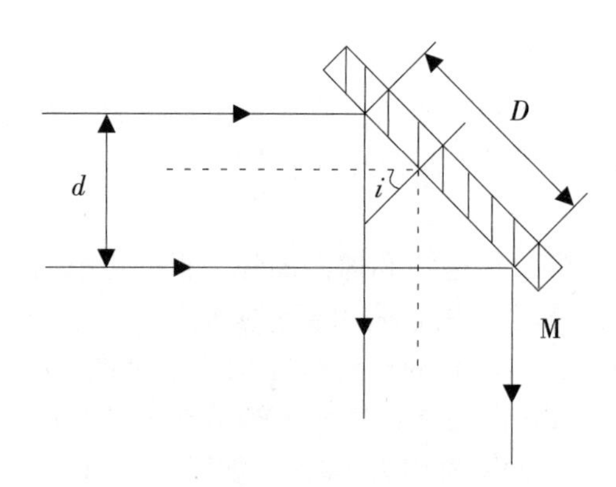

图 1－2　平面反射镜的直径

设光束直径为 d，光束光轴与反射镜面法线的夹角为 i，则反射镜的直径 D 为：

$$D = \frac{d}{\cos i} \tag{1.3}$$

用于折转宽光束的反射镜，除了有一定的孔径要求外，还有表面平面度的要求。另外，为了消除附加反射光的影响，反射镜通常是在前表面上镀制反射膜。

三、分束镜

分束镜也称光强分束镜。分束镜主要用于将入射光束分成具有一定光强比的两束光，通常是透射光束和反射光束，其主要性能参数是分束比，即透射光强度和反射光强度的比值，又称透反比。分束镜通常有固定分束比分束镜和可变分束比分束镜两种，前者的分束比不能调整，可以在宽光束中使用；后者分束比可以调整，但只能在未经扩束的激光细光束中使用。

四、偏振分束镜

在偏振光的光路系统中，一般采用偏振分光原理的分束器实现连续渐变分光。图 1－3 所示的是利用沃拉斯顿棱镜的分束镜。两光束的相对强度总是正比于入射光束的水平偏振分量和垂直分量的强度，即取决于入射光振动方向与第一块晶体光轴之夹角。当旋转半波片 P_1 时，夹角改变，从而实现分束比连续可调。转动半波片 P_2 可以改变两束光的振动方向，使之一致。

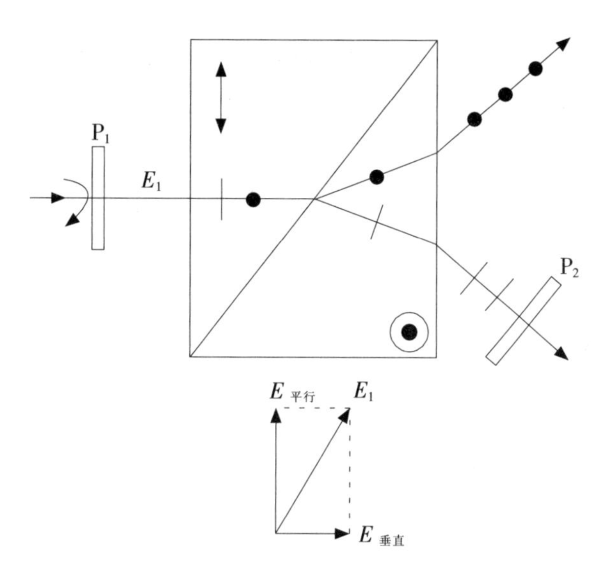

图 1－3　利用偏振分光原理的分束镜

图 1－4 所示的偏振分束镜是能够根据反射和折射原理产生偏振光的一种光学部件。它是在两直角玻璃棱镜之间交替地镀上高、低折射率的膜层，然后胶合而成的一块立方棱镜。这些膜层起着反射和透射偏振器的作用。因此，入射自然光垂直于棱镜表面，以 45°角入射到多层介质膜上，经过膜层的反射与折射，反射光与透射光垂直于棱镜表面以 90°方向分开出射。如果使入射线偏振光经半波片后射入偏振分束镜，则旋转半波片，同样可以使从分光镜出射的两束光的分束比连续变化。

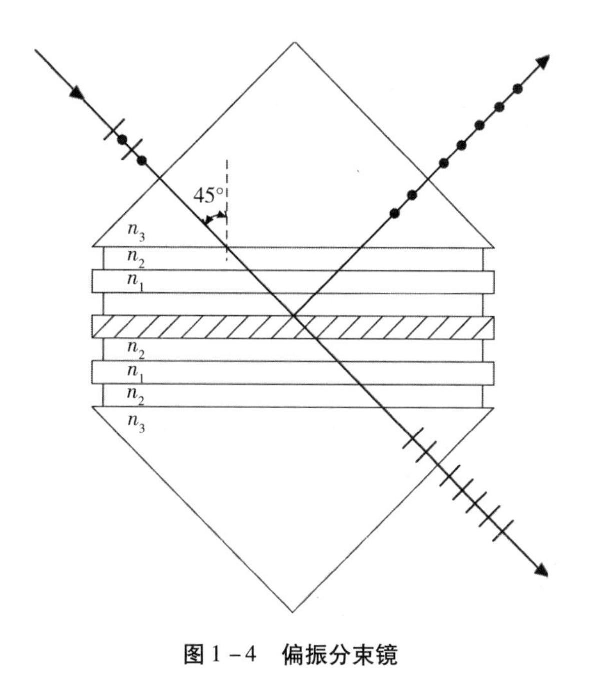

图 1－4　偏振分束镜

五、光栅

这里所叙述的是衍射光栅。光栅是利用多缝衍射原理使光产生色散的光学元件，它是刻有大量平行、等宽、等间距的狭缝（刻痕）的平面或者凹面的玻璃或者金属片，能产生亮度较小、条纹间距较宽的均匀光谱。表征光栅光学性能的参数有光栅常数 d、角色散率 ψ、分辨本领 R、衍射效率 η。

衍射光栅常用于光波长、位移的高精度测量，在光谱分析、应力分析、信息光学等方面具有广泛的应用。

六、扩束—准直系统

扩束—准直系统可以将激光细光束扩展为平行的宽光束，包括扩束镜、针孔滤波器（也可以不用）和准直透镜三部分。扩束镜主要有两个用途：一是扩展激光束的直径；二是减小激光束的发散角。根据激光原理，一束被扩束的激光光束的发散角和扩束比成反比例变化，也就是说，激光光束束腰越大，则发散角越小；反之，束腰越小，发散角越大。

准直透镜能将扩束镜扩束后发散角越大，束腰半径越小的激光光束变化为半径大、发散角小的准直光束。准直透镜一般焦距长、口径大，具体的选择要根据系统所需要的光束尺寸、激光器发出的光束参数和扩束镜的光学参数来进行。扩束镜的后焦点和准直透镜的前焦点重合，两者构成逆望远系统，如图 1－5 所示。

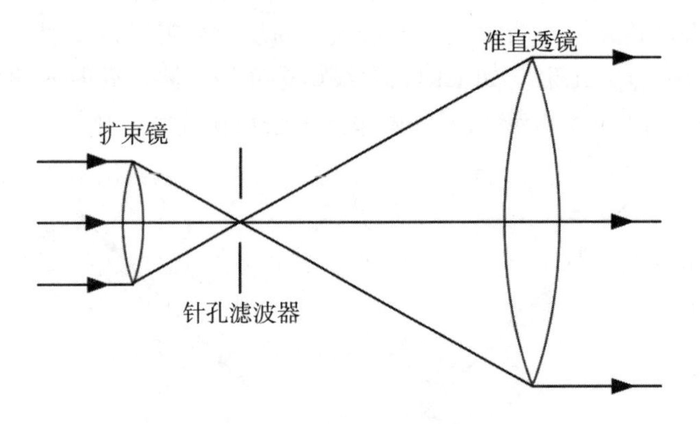

图 1－5　扩束—准直系统

在公共焦点处放置针孔滤波器（又称空间滤波器），用于消除由激光散射和反射引起的杂光干扰，相当于一个低通滤波器，其大小通常由针孔尺寸控制。在扩束—准直系统中，细光束首先通过一个焦距短、放大倍数高的扩束镜扩束，由于光束扩束得很大，故一些小的尘埃或者光学元件缺陷所引起的衍射光，将以同心干涉环的形式在扩展光束不同位置产生大大小小的衍射图样，称为牛眼噪声，其对应于光束的较高空间频率成分。

针孔的尺寸是可以计算的。由于针孔是放在扩束镜的后焦面处的，其孔径应等于后焦面衍射中心的艾里斑直径。根据夫琅禾费圆孔衍射，艾里斑半径为：

$$r = 1.22\frac{f\lambda}{d} \tag{1.4}$$

其中，d 为扩束镜上激光束的实际通光孔径，f 为焦距，λ 为光波波长。激光束的能量为高斯分布，由于高斯光束的束腰宽度决定了激光光束存在一个平均发散角，这一发散角将使得聚焦光斑的面积增大。因此，通常可对针孔滤波器的半径进行适当修正。

七、波片和偏振片

在与偏振有关的实验中，经常使用到波片和偏振片。波片一般称为相位延迟片，可以使偏振光的两个互相垂直的线偏振光之间产生一个相对的相位延迟，从而改变光的偏振态。常用的波片有 1/4 波片、1/2 波片、全波片等。

偏振片是可以使自然光变成偏振光的光学元件。普通的偏振片有利用二向色性原理人工制作的 H 偏振片，可以做得很薄很大，且价格低廉，是最常用的偏振片。在偏振度和透射比要求较高时，一般采用由晶体材料做成的偏振棱镜作为偏振器，这种偏振棱镜加工要求高，价格昂贵。

八、其他光学元件

其他光学元件包括毛玻璃、白屏、孔屏、光阑等。毛玻璃、白屏用作成像，孔屏、光阑在光路调整中做等高测试或者限制光束范围时使用。

1.2.3　常用机械部件

一、光学镜架

在光学实验中，要求光路中所有光学元件的光轴在同一个与台面平行的平面内，因此各光学镜架的机械调节十分重要，所有光学镜架必须有相同的中心高。为了精确调节各光学元件的空间位置，各光学镜架一般能做三维微调（高度、方向与俯仰）。有的光学镜架具有六维微调结构，即沿光轴平移、垂直光轴的水平平移、高度平移、水平方位旋转、俯仰和绕光轴旋转。

各种形态的光学镜架用于固定各种形态的光学元件，同时使用一维、二维、多维的光学调整架以配合光路调整的需要。

二、干板架

在一些光学实验中有的用全息干板作为记录介质。夹持全息干板的干板架分为一般干板架和干板复位架。干板复位架主要由动片和定片组成。干板装夹在动片上，曝光之后不取下干板，而是将干板和动片一起进行暗室处理，处理后动片和定片之间通过六点定位法进行精确复位。动片与定片之间一般采用六点定位法原理的复位架，夹紧力依靠动片的自重，也可附加弹簧压片。定片通过螺纹固定在插杆上。定片侧面有三个凸起的小平台，动片由于自重以及弹簧压片的作用紧靠在三个小平台上，构成三点定位。定片底部斜插在两只圆柱形的定位柱上，左边的定位柱与动片的 V 形槽接触，构成两点定位；右边的定位柱与动片的斜槽接触，构成一点定位。因此，六点定位完全确定了动片的空间位置。螺钉用于固定全息干板。

使用干板复位架时需要注意的是，在干板夹持中一定要夹紧，在暗室处理的过程中不能碰撞干板；插杆应固紧在插座内，底座应与台面吸牢，操作过程中不得碰撞；定片应该轻拿轻放，复位时应该保证其六个定点均接触良好，使其处于唯一稳定的位置。

三、光纤耦合器

光纤耦合器是光纤系统中应用较多的光无源器件，主要用于两根或多根光纤之间中心分配能量的连接，即把一个光纤信号通道的光信号传递到另一个信号通道中，其损耗也是光纤系统的重要组成部分。实验中常用的光纤耦合器是 APFC－3A 和 APFC－3AT 精密光纤耦合器，其底座设计为双轴倾斜调整功能，在调整入射光与显微镜同轴时尤为方便。其相关产品有光纤卡头、显微物镜、针孔光阑。

其技术指标：T_x：6mm；θ_z：±4°

T_y：±2mm　　显微镜物镜调整范围：13mm

T_z：±2mm　　双轴倾斜调整范围：±4°

θ_y：±4°　　自重：0.6kg

四、CCD

CCD 是电荷耦合器件的简称，是一种以电荷量反映光量大小，用耦合方式传输电荷量的新型器件，在信息处理、图像识别、文字处理等方面均有广泛应用。

CCD 的主要性能指标如下：

1. 分辨率

测量器件最重要的参数是空间分辨率。它主要与像元的尺寸有关，也与传输过程中电荷损失有关。目前 CCD 的像元大小一般为 10μm 左右。

2. 灵敏度与动态范围

灵敏度主要与器件的光照响应度和各种噪声有关。动态范围只对光照响应度有较大变化时，器件仍能保持线性响应的范围。

（1）光谱响应：这里指 CCD 光谱响应。目前硅材料的 CCD 光谱响应范围为 400～1 100nm。

（2）CCD 的使用注意事项。

CCD 工作电源通常为直流 12V，正负极不要搞错；切勿使 CCD 视频输出短路；凡用于 CCD 测量的仪器、设备均需良好地接地；在实验过程中，禁止用带电的烙铁焊接线路；在施加电压情况下，千万不要触碰芯片；如遇突发状况，应该先断开电源。

五、磁性表座

磁性表座是用于支撑各类元件且借助磁力固定位置的器具。在光学实验中，为了保证实验的稳定性，光学元件在调整结束后都需要切换磁性表座的磁性开关，使之稳定地固定在光学防震台上。

特别需要注意的是，在调整光路的过程中，如果需要移动磁性表座，切勿将磁性表座直接在防震台上拖动，而应该将其拿起放置到相应的位置。

六、精密平移台

光学实验室应备有各种规格和精度的精密平移台。平移台通常采用带滚珠的双 V 形槽导向，千分螺杆推进，实现一维精密平移。将两块读数平移台正交连接成双层，可以实现二维平移。将二维平移台、高度微调器和三维微动转架组合在一起就构成了六维调节架，可用于定位精度要求特别高的场合。

1.2.4　常用光源

一、热辐射光源

热辐射光源是利用电能将钨丝加热，使它在真空或是惰性气体中发光的光源。热辐射光源主要包括以下三种：

1. 普通灯泡

普通灯泡作为白光源或照明用。实验室中也经常在普通灯泡前加滤波片或单色玻璃，以得到所需的单色光。白炽灯也是一种热辐射光源。常用白炽灯的灯丝通电加热后，呈白炽状态而发光。白炽灯是可见光的光谱辐射源，其发射的光谱是连续光谱，为非相干光源，交流或者直流供电均可。

2. 汽车灯泡

汽车灯泡与普通白炽灯泡相比，只在灯丝结构上有差别。汽车灯泡的灯丝线度小，亮度强，可用作点光源。

3. 卤钨灯

卤钨灯是利用电能使灯丝发热到白炽状态而发光的电光源。卤钨灯灯泡壳内除了充满惰性气体，还加入了卤族元素，有着比普通白炽灯更高的发光效率和使用寿命，可用于要求光源亮度较高的场合。卤钨灯一般体积较小，光通量比较稳定，但是工作电流较大，必须注意散热，而且价格昂贵。一般卤钨灯灯丝呈线状、排丝状或者点状，灯泡外壳相应成管形、圆柱形或者球形。排丝状灯丝可用作较均匀的面光源，点状灯丝线度较小、亮度高，用作点光源比较合适。

二、气体放电灯

利用灯内气体在两电极间放电发光的原理制成的灯称为气体放电灯。气体放电灯放电发光的基本过程分三个阶段：首先，放电灯接入工作电路后产生稳定的自持放电，由阴极发射的电子被外电场加速，电能转化为自由电子的动能；然后，快速运动的电子与气体原子碰撞，气体原子被激发，自由电子的动能又转化为气体原子的内能；最后，受激气体原子从激发态返回基态，将获得的内能以光辐射的形式释放出来。上述过程重复进行，灯持续发光。

1. 低压钠灯

钠灯是蒸汽发电灯。灯管内充有金属钠和惰性气体。灯丝通电后，惰性气体电离放电，灯管内温度逐渐升高，金属钠气化，然后产生钠蒸气弧光放电，发出较强的钠黄光。钠黄光光谱含有波长为 589.0nm 和 589.6nm 的两条特征光谱线，实验中常取其平均值 589.3nm 作为单色波长光源使用。

钠灯具有弧光放电负阻现象。为了防止钠灯发光后电流急剧增加而烧坏灯管，在供电电路中需要串入相应的限流器。由于钠是一种难熔的金属，一般通电几十分钟后才能稳定发光。注意：气体放电光源切断后，不能马上重新启动，以免烧断保险丝，并减短钠灯的寿命。

2. 低压汞灯

低压汞灯的玻璃泡壳内充有汞蒸气及惰性气体，工作过程与低压钠灯相似。低压汞灯通电后也要经过 15min 后才能稳定发出绿白光，使用时必须注意这一点。

三、激光光源

激光器的发光机理是受激辐射而发光，不同于普通光源的自发辐射而发光。激光光源是一种单色性和方向性都好的强光源，是进行全息照相和光学实验中的一种十分理想的相干光源。

在光学实验中，常用的激光器是氦氖激光器和半导体激光器。

1. 氦氖激光器

氦氖激光器激发出来的激光具有很好的单色性、方向性和相干性，又有合适的记录介质，价格便宜，性能稳定，是实验室最常用的理想的相干光源，广泛应用于精密测量、光学实验中。氦氖激光器主要由光学谐振腔、气体放电管（毛细管）、阴极和阳极组成。氦氖激光器一般采用直流放电激发。不同型号激光器的触发电压、工作电压、工作电流不尽相同，因此，不同型号的激光器应配有专用的激光电源。

使用氦氖激光器的注意事项：

（1）激光器两端是光学谐振腔，需要保持清洁。

（2）点燃时，辉光电流不得超过额定值，若低于阈值则激光易闪烁或熄灭。

（3）激光电源为高压直流电源，使用过程中应防止触电；激光器正负极不能接反。

（4）眼睛不能正视激光器，避免伤害眼睛，实验者应戴激光保护镜。

2. 半导体激光器

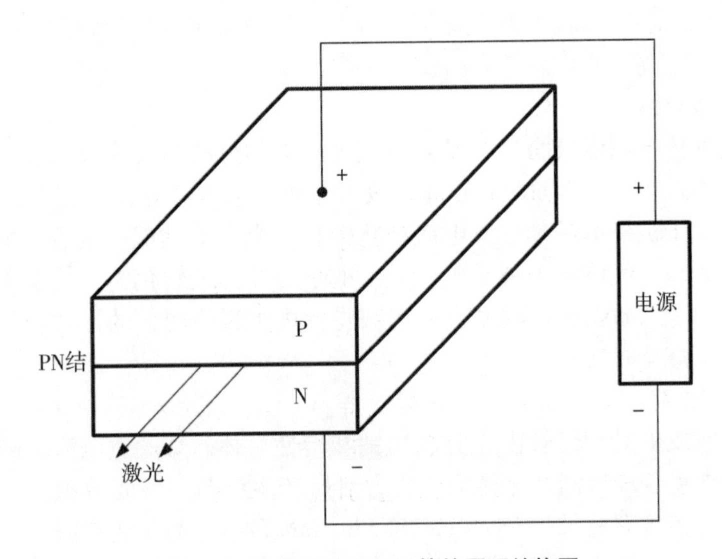

图 1－6　砷化镓激光二极管的原理结构图

半导体激光器的工作物质是半导体化合物，图 1－6 是砷化镓激光二极管的原理结构图。PN 结表面的两个端面形成谐振腔，其上下表面焊上电极，提供脉冲激励电流。在两个反射面之间反复引发受激光子，从而获得激光。半导体激光器体积小，能量转换效率高，工作可靠，在光学及其他领域的应用日益广泛。

1.2.5　其他

一、曝光控制器

有些光学实验对曝光时间的准确性要求比较高，因此，必须配备用于准确控制曝光量的曝光控制器。

最普遍的曝光控制器是电动快门，采用电磁铁吸引软铁挡光片来截断光束，与曝光定时器配合使用可以连续工作。曝光定时器用于控制电动快门的开启时间，定时量程通常为 1 ~99s。

二、冰箱、冷藏柜或干燥塔等

冰箱、冷藏柜或干燥塔等用于存放全息干板，胶卷，照相胶片和相纸等感光材料，以免感光材料失效。

三、空调

空调用于实验室调温，改善实验条件，以利于底片处理。一般温度在 20℃左右为最佳。

四、暗室设备

一般暗室设备应有处理全息干板的设备，如暗房灯、玻璃刀、显影盆、底片夹等，还应备有显影罐、黑白放大机、彩色放大机等通用设备。激光实验室也应在暗室操作，以便于观察。

1.3　实验教学的基本实验技术

1.3.1　激光器的调整

光学的一部分实验是采用相干光照明的。在用相干光照明的实验中，一切光学现象都是相干光衍射及干涉的结果，这与传统的非相干光照明的光学实验是不同的。下面介绍一些带有共性的基本实验技术，主要包括光学实验激光器的调整技术和光路调整的基本方法。这些在实验中都有涉及，因此，在做具体实验之前应掌握这些内容。

一、激光器的性能

激光器是光学实验的主要光源，要想保持一台激光器原有的性能，延长其使用寿命，不仅与激光器本身的质量有关，而且与正确的调整、使用和优良的维护有关。在光学实验中，激光作为理想的相干光源，它的性能直接决定了实验的结果。

1. 激光器的模式

模式是激光器输出性能的一个主要参数。激光器的模式包括横模和纵模，通常所说的激光器模式主要指横模。为了获得较好的相干度，一般采取 TEM_{00}模，其输出光斑的强度分布为高斯分布。

多模激光器的模式往往是 TEM_{00}与其他高阶横模的叠加，这会导致空间相干性的破坏，使得干涉条纹对比度下降，甚至模糊不清，严重影响实验结果。

检测激光器的横模最简便的方法是用肉眼直接观察经扩束系统作用的光斑的光强分布。若光斑为圆形，光强呈平滑的高斯分布，则为单横模；如果出现对称的光瓣或者多瓣光斑，则为多横模。

纵模的存在会降低激光器的相干性，对干涉条纹的对比度也带来影响。

2. 激光器输出光的偏振态

在光学实验中，为了提高干涉条纹的对比度，要求物光束和参考光束到达记录介质时偏振方向互相平行，通常使光的振动方向垂直于工作台面，这样，无论两束光到达记录面的角度多大，它们的振动方向都是相互平行的。

一般要考虑激光器输出光的偏振态，功率较大的激光器可采用布儒斯特窗，使得输出的激光为线偏振光。对于这种激光器，在实验调整时为了使偏振方向垂直于工作台面，只需要将布儒斯特窗调至向上或者向下即可。对于较小的全内腔式激光器，由于输出的每一个纵模都是偏振的，因此，如果能够保证单纵模输出，其偏振态一般就能得到保证。此外，在光路上使用全反射镜的时候，有时候会改变光束的偏振方向，这在进行干涉实验时需要特别注意。

3. 激光器的输出功率

在实验过程中，激光器输出功率的稳定性非常重要，导致其功率不稳定或者下降的因素可以归纳为以下三个方面：

（1）温度对激光器输出功率的影响。当激光器打开后，腔内温度升高，谐振腔的工作情况会发生变化，因此，应在激光器点燃半个小时后再使用。

（2）激光器两端反射镜质量的影响。激光器反射镜的质量决定激光器的模式和输出功率。由于激光束的长时间照射，反射镜的膜层遭到损坏，最终导致输出功率下降，这时候可以考虑更换反射镜。

（3）外部环境因素的影响。激光器对周围环境的要求较高，当温度变化明显时，特别是温度较低时，激光器甚至不出射激光。因此，适当的温度也是保证正常出射激光的重要因素。

二、激光器的调整

绝大部分光学实验都是采用激光作为光源，通常采用内腔式激光器，一般无须调整，在激光器打开后稳定一段时间即可进行实验；如果采用外腔式激光器，很多原因最终都会导致激光器不出射激光。外腔式激光器失调不出射激光是一种常见的现象，这里简单介绍一下外腔式激光器调整的方法——十字光靶法。

1. 准备工具

十字光靶是调整的主要工具，由一个光屏和照明灯组成。光屏可用铅板或者铁板制成，是一个边长约为50mm的正方形，一面涂上白漆，并在光屏的中间打一个直径小于1mm的孔。以孔的圆心为十字交叉点画出一个黑色十字细线而得到十字叉丝。使用时需要照明，所以，可将屏与照明灯作为一个整体。如果临时使用，也可以用一张较厚的白纸制作成光屏，用台灯或者手电照明。

2. 调整步骤

首先将激光器打开，使得放电管辉光放电。将十字光靶放在失调端，十字屏对着激光器，距离在 10cm 左右。打开光屏照明灯，用眼睛通过光靶上的小孔观察毛细管的轴心。此时亮度较高，调整过程必须佩戴防护镜。然后，将光靶的小孔对准毛细管的轴，并移动光靶的位置，同时观察、寻找毛细管中心亮点。通过光靶，从端面观察毛细管时，很容易看到毛细管内径的亮斑，而亮点在毛细管的亮斑内。这个亮点的直径小于 0.5mm，是毛细管的轴心，如图 1－7（a）所示。在沿毛细管轴的传播中，光被放大，但是毛细管壁对光有衍射作用，使得靠管壁的光强减弱，最终形成的中心光最强，亮度最大，所以从毛细管端面对毛细管轴心观察，可以看到中心的一个小亮点。当看到这个小亮点之后，轻微移动光靶，使得小亮点处在毛细管斑的中心，这时候已经将光靶的小孔放在毛细管的轴上了。

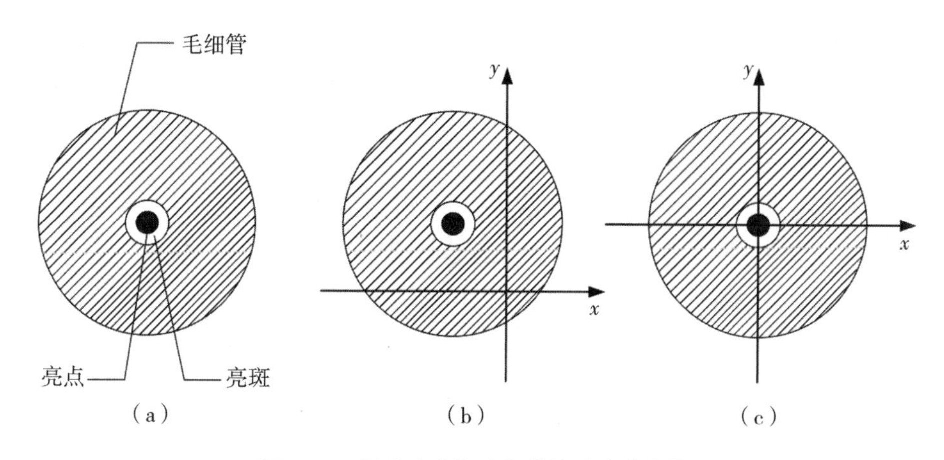

图 1－7　用十字光靶法调整外腔式激光器

保持光靶的位置不动，继续通过小孔观察反射镜片上十字叉丝的像。因为光靶的小孔已经放在毛细管轴上，则光靶上的十字叉丝交点也应该在轴上。由于反射镜片与毛细管轴处于失调状态，因此观察到镜片上的十字叉丝交点偏离亮点，如图 1－7（b）所示。此时需要调整反射镜片。

调整安装在激光器端面的反射镜片的两个旋钮，分别绕 x 轴与 y 轴旋转。调节其中的一个旋钮，可以观察到十字叉丝像在垂直线水平移动，调至垂直线与中心亮点重合；再调节另外一个旋钮，使得十字叉丝像水平线垂直移动，并与中心亮点重合，如图 1－7（c）所示。如果十字叉丝像与亮点中心重合，则垂直方向已调好，就可以出射激光了。

1.3.2　光路调整技术

一、选择合适的光学元件与机械器件

根据设计好的光路选择合适的光学元件与机械部件，包括光学元件的孔径、焦距、放大倍率、透过率、表面精度以及光具架调节机构等，以便把这些光学元件按照光路图要求，方便、准确地定位到合适的空间位置上。光学元件应该安装在具有调节机构的光具座上，使用之前轻轻晃动光具座的各个结合部，检查是否稳定。调整光路前应

该将所有的微调螺钉调至中间位置，使之保留足够的调节余量。

二、光学元件的等高同轴的调整

调整信息光学实验光路的基本原则，就是必须保证整个光路的光轴都在平行于工作台面的一个平面内。因此，激光器的输出光束不仅要在一个标准高度上，而且要与工作台面平行。此外，所有的光学部件的中心高度都要等于标准高度。

三、扩束—滤波—准直系统的调整

扩束—滤波—准直系统的调整包括扩束镜的调整、针孔滤波器的调整以及准直透镜的调整三部分。

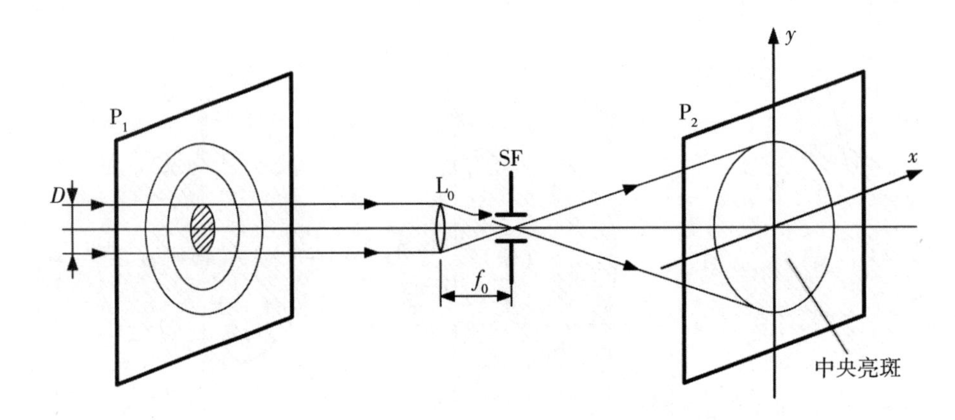

图 1－8　扩束镜和针孔滤波器的调整

1. 扩束镜的调整

如图 1－8 所示，在扩束镜 L_0 的前方有一个中心带孔的纸屏 P_1，孔的直径为 2～5μm，让激光细光束无遮挡地通过。扩束镜后放置一个光屏 P_2。纸屏 P_1 与光屏 P_2 离扩束镜的距离为 5～40cm。

首先，粗调扩束镜的两个横向平移（x 方向与 y 方向），使得光屏 P_2 上的光斑尽可能成为一个平滑的高斯型光斑。然后在纸屏 P_1 上仔细寻找类似牛顿环的干涉光环。这个干涉光环是由扩束镜前后两个表面对入射光的部分反射在纸屏 P_1 上相干干涉形成的。找到光环之后，即使是很微弱的光环，也要认真调整扩束镜的两个旋转微调旋钮，直到光环中心与光轴重合。一般情况下，反复几次调整平移和旋转微调旋钮，才能使得纸屏 P_1 上的光环中心与光轴重合，且光屏 P_2 上光斑均匀不偏。

2. 针孔滤波器的调整

在光学实验中，常常在扩束镜后的焦点上放置一个针孔，对光束进行空间滤波，以改善光束的质量，提高处理效果质量水平。为了获得质量优良的光束，同时又不让光能损失太多，应选用孔径合适的针孔滤波器进行空间滤波。针孔置于扩束镜后焦点处，其孔径等于后焦面上衍射中心艾里斑的直径。根据衍射理论，光束通过扩束镜后，在其焦点上的光斑直径为

$$d=\frac{1.22\lambda}{D}f_0 \tag{1.5}$$

式中，f_0 为扩束镜的焦距，D 为扩束镜上的实际通光孔径，λ 为激光波长。

考虑到激光光束的能量为高斯分布，由于高斯光束的束腰宽度决定了激光束存在一个平均发散角，这一发散角将使聚焦光斑的面积增大，因此，针孔滤波器孔径通常可按下式计算：

$$d=\frac{2\lambda}{D}f_0 \tag{1.6}$$

对于一般实验光路，针孔直径通常选用 15 ~ 30μm。由于针孔很小，因此针孔滤波器的调整需要耐心、仔细、缓慢。

图 1 –8 为针孔滤波器调整的示意图。组合式针孔滤波器的调整按照以下步骤进行：首先在光屏 P_2 上细光束入射点处用水笔做一个定位标记，调整过程中不要触动光屏 P_2。然后在光路中推入已经卸下针孔的针孔滤波器，同时在针孔滤波器的扩束镜一侧光路中放入带有直径为 3 ~ 5mm 小孔的纸屏 P_1。让激光光束无阻挡地通过，并且入射到扩束镜中。调整（平移或者转动）针孔滤波器使从扩束镜出射投在光屏 P_2 上的光斑为一个平滑的圆光斑，其中心在光屏 P_2 的定位标记上，也即出现在纸屏 P_1 上的一组同心圆环与 P_1 上的小孔同心。如果无论怎样调整，仍然观察不到从针孔透射出来的光，则应将针孔滤波器取下，用显微镜检查小孔是否有堵塞现象。如果只是尘埃堵塞，则可以吹气球把尘埃吹掉，若吹不掉，则要进行清洗。

接着，移去纸屏 P_1，装上针孔，利用针孔滤波器上 x 方向与 y 方向的两个测微头，改变针孔 x 面与 y 面上的位置，直到在光屏 P_2 上出现自针孔出射的暗淡的衍射光斑；然后通过微调 z 方向的测微头，轴向移动扩束镜，对针孔调焦。正确调焦，使得光屏 P_2 上出现以标志点为中心的又大又亮又圆的衍射光斑，这是针孔滤波器的最佳位置。在调整过程中，切勿无目的、大范围地微调测微头，这样容易损坏器件，且无法获得理想结果。

3. 准直透镜的调整

在光学实验中，经常要用到准直性良好的平行光束，这可以通过在针孔滤波器之后加入准直透镜来获得。调整时，将准直透镜放入扩束的光路中，透镜中心的高度与光束高度一致（在等高同轴调整中实现），曲率半径较大的一面对准扩束镜，使得球差最小。移动准直透镜的前后位置，使其前焦点大致与扩束镜后焦点重合，最终出射光就是准直光束。

检查光束平行性的常用方法有两种：自准直法和剪切干涉法。

（1）自准直法。沿着光束传播方向，前后轴向移动准直透镜，直到从自准直反射回来的自准直像落在针孔表面，并与针孔重合。

（2）剪切干涉法。这是一种在光学实验中对光束平行性要求较高时的使用方法。

在光路中插入准直透镜，透镜到针孔的距离大致等于透镜的名义距离。如图 1－9 所示，在准直透镜后，倾斜放入一块平行晶体，观察平行晶体两个表面反射光束重叠部分产生的剪切干涉条纹，沿光轴前后移动准直透镜，使得条纹渐渐由疏变密，直到条纹最宽或最均匀，这时候准直透镜处于最佳位置，出射光为平行光。

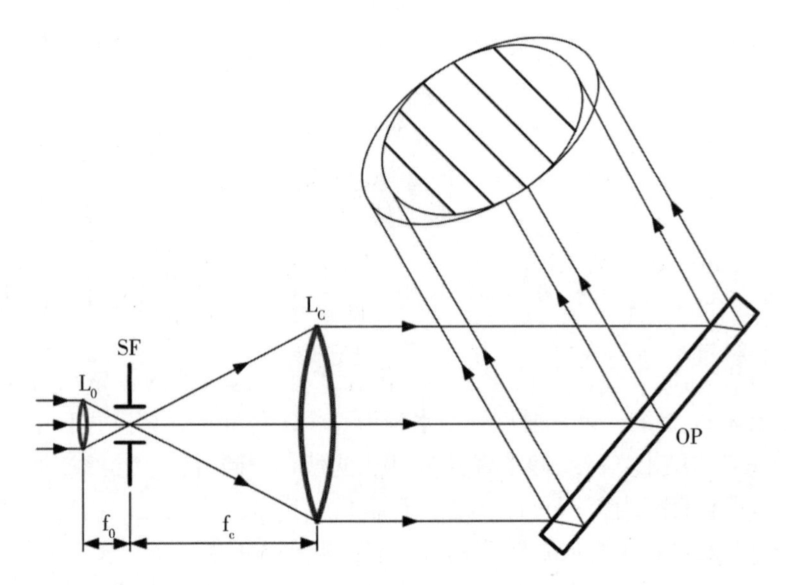

图 1－9　剪切干涉法获得平行光

四、焦点位置的确定

在光学实验中，经常需要将某些元件精确调整到光束会聚点，即焦平面或者傅里叶平面位置，通常采用的方法是在透镜后放置一个毛玻璃或者纸屏，用人眼观察会聚光斑的大小。当会聚光光斑最小时即可认为毛玻璃或者纸屏所在位置就是会聚点的位置。

还可以利用激光散斑的性质，对会聚点的位置进行确定。所谓激光散斑，是指激光光束照射到漫反射物体上时，漫反射物体上的每一个点都可以当成一个次级波源，由它们射出的次波在空间相干得到的光强呈现颗粒状随机分布的现象。如图 1－10 所示，具体做法就是：在透镜 L 的会聚点附近放置一块毛玻璃 DG，毛玻璃 DG 起着漫反射物体的作用，其后放置一个光屏 P，在光屏 P 上可以观察到会聚光斑在毛玻璃 DG 后面所形成的散斑结构。

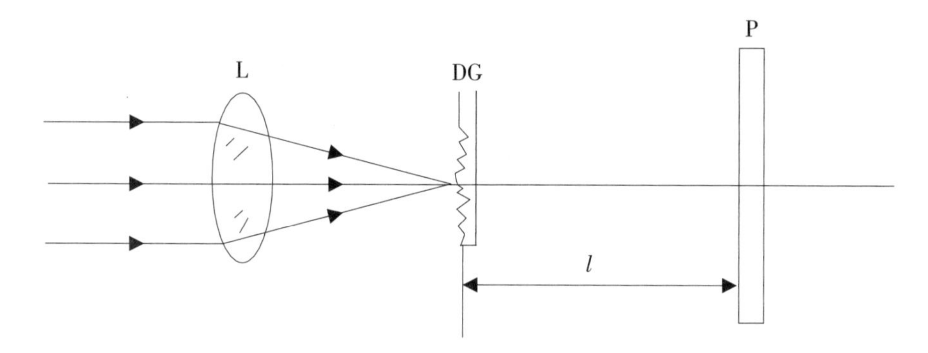

图 1－10　激光散斑确定光束会聚点的位置

根据激光散斑原理，散斑颗粒的直径 $d=1.22\lambda l/D$，即当毛玻璃与光屏的距离固定不变时，散斑颗粒的直径 d 与会聚光光斑的直径 D 成反比。因此，将毛玻璃与光屏之间的距离固定不变时，散斑颗粒的直径会发生变化，散斑颗粒最粗时毛玻璃所在的位置即为光束会聚点的位置。

五、偏振效应的调节

由于多种因素的影响，任何激光器都不能完全保证全息记录时的两束光偏振方向绝对相同，因此应该考虑偏振效应。在记录漫反射物体时，偏振效应影响很小，因为这时物体上所散射的光基本是随机偏振的，结果总有一些成分与参考光的偏振方向相同，但是在某些情况下，物体的反射光不是随机的，且可能与参考光的偏振方向垂直，使得记录失败。可用一块偏振片对这种情况进行判断，在转动偏振片的同时观察参考光束和被照明的物体，每一束光的光强都随着偏振片的方位不同而变化。如果两束光在大致相同的方位变弱或者物体的散射在任何角度上都完全不变，则记录中偏振效应的影响不大。如果存在偏振问题则可用下列方法校正：

（1）改变物体表面的性质。

（2）转动物光或者参考光束的偏振面使之在同一方向上偏振（在任一光束中插入一个半波片并使其转动，直到用一块偏振片进行实验时每一束光的消光角相同）。

1.4　记录介质与处理技术

1.4.1　记录介质

在信息光学实验中，传统的记录介质主要分为两类：普通照相记录介质和全息记录介质（胶片和干板）。随着新技术的发展和计算机的普及，光电记录器件（光电池、CCD 等）也是当今经常用到的信息记录设备。

一、照相胶片

照相胶片通常称为胶卷，又名底片、菲林，是一种成像器材。如今广泛使用的胶卷是将卤化银涂抹在聚乙酸酯片基上，此种底片为软性，卷成整卷方便使用。当有光线照射到卤化银上时，卤化银转变为黑色的银，经显影工艺后固定于片基上，成为我们常见的黑白负片；彩色负片则涂抹了三层卤化银以表现三原色。除了负片之外，还有正片及一次成像底片等。

胶卷的组成结构包括保护膜、感光乳剂、片基和防光晕层。保护膜的用途是保护胶卷，因为胶卷的感光乳剂很软，容易遭到损坏，所以要在它的上面涂一层保护膜。保护膜是透明且很硬的。感光乳剂的主要成分为卤化银和照相明胶。卤化银是胶卷的感光材料，照相明胶是卤化银的载体，卤化银受光的照射后形成潜影（这时是看不到影像的，所以叫潜影），即卤化银中出现了银原子的颗粒。后期经显影，就成为我们看到的胶卷了（就是将形成银颗粒的点放大）。其实将胶卷长时间曝光也有这样的效果，胶卷头的颜色就是长时间曝光形成的（没有经过显影过程）。片基的作用是支撑感光乳剂，所以对它的要求是透明度好、平整韧性好和机械强度高，能撑起感光乳剂。如果没有防光晕层，拍摄的路灯会大得像太阳一样，这就是光晕，强光使胶卷大面积感光。

胶卷的感光性能包括感光度、反差、灰雾、宽容度、最高密度、解像力、颗粒度、感色性等。感光度是胶卷对光的敏感程度，也是胶卷具有的感光能力。在光线很弱的情况下就能感光的胶卷称高速感光度（快速）胶卷；相反，感光度低的胶卷须在光线较强的场合下拍摄。如果在同一光线条件下，使用不同感光度的胶卷拍摄，其照相机的光圈或快门速度就应该有所变化，也就是说，高感光度的胶卷，光圈会小一些，快门速度会快一些；低感光度的胶卷则相反，光圈会大一些或快门速度会慢一些。胶卷感光度用 ASA 或 ISO 来表示（ASA 和 ISO 指的是不同的标准）。胶卷感光度愈高，对光线愈加敏感，可在微弱光源下拍照，但是感光度愈高，颗粒愈粗，放大后的照片将显得愈粗糙。胶卷感光度愈低，颗粒愈细，质感愈佳，但所需光线愈多。反差是指拍摄后的影像的明暗程度与原景物的明暗程度的比值。如果用胶卷把被摄物的明暗度正确地反映在底片上，则称其反差为1；如果底片大于被摄物，则反差大于1。照片从左到右反差逐渐加大。一般来说，反差大可以给人震撼力，但会使其不真实。反差除了和胶卷本身有关外，还与冲洗有关。灰雾是指未经曝光的胶卷显影后产生的灰密度，反映在照片上就是照片过亮。灰雾越小越好。产生灰雾有胶卷本身的原因，也有曝光时不准、冲洗不当等原因。宽容度是指胶卷表达被摄物全部亮度间距的能力。一般来说，胶卷的宽容度是有限的，是小于真实景物的，所以在拍摄时经常会遇到景物反差过大的情况。这时就要选择一个范围，一个要用胶卷表达的范围。最高密度是指胶卷的最大变黑程度。解像力是指胶卷对被摄物细节清晰辨别的能力。简单地说，分辨率就是在单位面积内可以表示出的可分开的线的数量。颗粒度是指胶卷经曝光、显影后形成影像的银粒大小。注意此与解像力是不同的。虽然颗粒度小对解像力有好处，但就像两条线，虽然线很细，但如果距离近且线间的颜色和线相差不大，我们也无法将它们分开。胶卷对不同色光的敏感度不一样，这也是评价彩色胶卷的一项标准。爱克发胶卷偏红，就是指胶卷经过曝光、显影后对红色过于敏感，使色彩失真。

二、全息记录介质

常用的全息记录介质有卤化银乳胶、重铬酸盐明胶、光致抗蚀剂、光致聚合物、光导热塑料和光折变晶体等。

在信息光学实验中，银盐材料制作的全息干板是最常用的记录介质。超微粒的银盐乳胶具有很高的感光灵敏度和分辨率，有宽广的光谱灵敏度范围，重复性好、保存期长，具有很强的通用性。正是由于这些优点，银盐乳胶是迄今最为普遍的全息记录介质材料，日益受到人们的重视。银盐干板可记录和获得振幅全息图和相位全息图，一般由保护层、乳胶层、底层、基片和防光晕层组成，如图 1－11 所示。

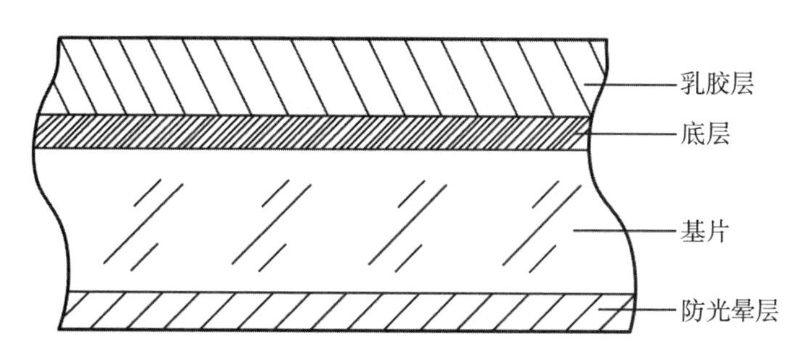

图 1－11　银盐干板的结构示意图

乳胶层起着记录、存储和再现物体信息的作用，它的主要成分是卤化银和明胶。卤化银以微晶形式均匀地分布在明胶中。明胶限制卤化银聚集，是乳胶层的成膜物质，它对乳胶层的照相性能有很大的影响。当光照射乳胶层时会引起化学反应，即所谓的感光，进而记录光强或者光振幅的变化。底层使得乳胶层与基片牢固地黏附在一起，防止乳胶层脱落。干板的基片是玻璃，胶片的基片是醋酸盐。防光晕层能防止照相介质曝光时由反射光引起的光晕对成像清晰度的不良影响。

全息记录介质主要用于记录全息图，也可用于制作信息光学的目标和空间滤波器。

三、电荷耦合器件

电荷耦合器件（charge-coupled device，简称 CCD），是一种用于探测光的硅片的光电传感器，是用电荷量来表示不同状态的动态移位寄存器，由时钟脉冲电压来产生和控制半导体势阱的变化，实现存储和传递电荷信息的固态电子器件，比传统的底片更能敏感地探测到光的变化。CCD 由美国贝尔实验室的 W. S. 博伊尔和 G. E. 史密斯于 1969 年发明，由一组规则排列的金属—氧化物—半导体（MOS）电容器阵列和输入、输出电路组成。CCD 按其感光单元的排列方式分为线阵 CCD 和面阵 CCD 两类。

线阵 CCD 结构简单，成本较低，可以同时储存一行电视信号。由于其单排感光单元的数目可以做得很多，在同等测量精度的前提下，其测量范围可以做得较大，而且线阵 CCD 实时传输光电变换信号和自扫描速度快、频率响应高，能够实现动态测量，又能在低照度下工作，所以线阵 CCD 广泛地应用在产品尺寸测量和分类、非接触尺寸测量、条形码等领域。

面阵 CCD 可以同时接受一幅完整的光像。面阵 CCD 有行间转移（IT）型、帧间转移（FT）型和行帧间转移（FIT）型三种。

1.4.2　处理技术

在信息光学实验中，氦氖激光器常被用作为光源，银盐干板常被用作记录介质。

一、记录介质的选择

记录介质是根据选用的光源来选择的，要求记录介质的感光峰与光源的输出波长和光源的输出波长相一致。目前最常用的光源是氦氖激光器，可以使用全息干板来记录。如果使用氩离子激光器，则可以选用重铬酸盐明胶来记录。

二、全息干板的裁、夹方法

首先，应该备有不同宽度的木条，便于裁出整齐而尺寸合适的干板。用手轻摸干板两面的边角，发涩的一面为乳胶面。用玻璃刀在干板玻璃面上沿着合适的角度进行划裁，用力要轻而均匀，同时发出清脆的声音。用双手在划痕的两侧拿住干板的边缘轻轻掰开，将裁好的干板玻璃面与乳胶面相对叠放。然后，装夹干板时，应使乳胶面对着激光光束进入干板的侧面，否则由于激光束在干板内经两个表面的多次反射而会在全息图上形成一组近似平行的宽条纹，增加全息图的噪声。最后，在记录反射全息图的时候，要注意有些银盐干板背面有防光晕层，应该先除去防光晕层。

三、参考光和物光光强比的选择

参考光和物光的光强比在一般情况下，由于物光动态范围较大，为了产生预定的偏置曝光量，通常使参考光光强大于物光光强。特别是拍摄三维物体时，如果物光的光强过大，由于散斑效应，在全息图表面会形成随机起伏的像，特别是对于相位全息图，这将是产生散射的原因。

参考光和物光的光强比通常在 2∶1 至 10∶1 的范围内为宜，光强比过大会使衍射效率降低，但对于另一些全息图，参考光和物光的光强比就必须视情况而定。比如制作全息光栅、全息透镜等光学元件时，光强比最好为 1∶1；而单次曝光的全息干涉实验的光强比最好为 3∶1。

四、正确曝光

根据正确的曝光量，对所用的干板测定其特性曲线，找出线性记录曝光范围，然后根据全息图的类型选取平均曝光量，从而确定合适的曝光时间。在曝光过程中，要保持环境安静稳定，干板装、夹好后，操作者应先离开工作台稳定 1min 后再曝光。若连续几次曝光，中间均应有稳定的时间。曝光过程中的稳定情况直接关系到全息记录的成败，特别是几个实验台在同一个房间，在学生人数较多的情况下，更需要加倍注意这一点。

五、干板处理

全息干板处理包括常规处理和特殊处理两种工艺。常规处理包括显影、停显、定影、水洗、干燥等步骤，特殊处理包括预硬化处理、反皱缩处理和漂白处理等。

1. 常规处理

（1）显影。干板曝光后，照射光的能量使得乳胶中卤化银解析出金属粒子，这些银粒子散布在乳胶中，并随曝光量增加而增加，形成不可见的潜像。在显影过程中，解析出金属粒子的地方形成还原中心。还原中心的银起着加速还原的催化作用，使大量卤化银还原成金属银。因此，经过曝光后卤化银的还原反应比未经过曝光卤化银的还原反应要快得多。正是利用这种反应速度的差别，才能得到与物相似的影像。常规显影使用的是 D19 显影液，显影 30s ~ 2min（20℃ ±1℃），水洗 30s。D19 显影液是硬显影液，适合于一般振幅全息图。对于傅里叶变换全息图和像面全息图，由于全息图上光强分布差别很大，用 D19 显影液很难得到线性记录，从而影响衍射效率。此时，可采用软调显影液，例如将 D76 显影液加水 2 ~ 10 倍稀释使用，显影时间相应延长 10 ~ 15s。

（2）停显。一般显影后用水冲洗 20 ~ 30s 即可停显。停显液通常为稀醋酸溶液，利用其酸性来中和显影液的碱性，不仅可以避免显影过度、显影不均匀或产生灰雾等一系列的问题，而且可大大减小由于将显影液带入定影液而引起的二色灰雾，即干板上呈现的紫色、红色或者绿黄色。

（3）定影。定影是将乳胶中未曝光部分的卤化银和曝光部分残留的卤化银清除掉，使得在经过处理后的干板上，仅留下由金属银粒子形成的稳定图像。常规的定影处理采用 F5 定影液，定影时间为 5min，温度在 16℃ ~20℃范围之内。

（4）水洗。水洗的目的是清除附着在全息干板上的定影液和其他杂质。

（5）干燥。一般采用自然干燥。有时候为了便于及时检查全息图的拍摄效果，希望全息图能迅速干燥，可将全息图放入无水乙醇中浸泡 1min，脱水后取出全息图并用吹风机冷风吹干，切记不可用热风吹，这样还可以清除乳胶层中残留的敏化染料。

2. 特殊处理

为了保证全息记录的保真度，获得高质量、无噪声的重现像，在全息干板处理过程中必须注意避免全息图记录的畸变。在处理时银粒子的横向运动、明胶的非均匀柔化引起的虚假的表面网状，乳胶层厚度变化等，都会影响再现波前的相位，并反映为背景噪声和再现像中的虚假散射。采用以下特殊处理可使得上述效应减至最小：

（1）预硬化处理。为了使明胶表面预先均匀硬化，在后面的处理中使像移动、表面网状和乳胶脱落等问题减至最小，可将曝光后的干板浸泡在 SH5 预硬化液中，也可浸泡在类似的甲醛或者明矾溶液中进行预硬化处理。

（2）反皱缩处理。把制备好的全息图浸泡在三乙醇胺中，直到其乳胶层膨胀到记录时的厚度为止。三乙醇胺的浓度与全息图的密度有关，当全息图密度为 0.5 时，三乙醇胺的浓度取 7.5%。另一种方法是将已皱缩的全息图经甲醇溶液浸泡后再处理。

（3）漂白处理。漂白处理的目的是把振幅型全息图转变成相位全息图，从而提高衍射光率。漂白时将全息图浸泡在漂白液中轻轻晃动，直到黑色全部褪尽为止。漂白后水洗 10min。

相位全息图有两种：折射率型相位全息图和浮雕型相位全息图。折射率型相位全息图是将振幅全息图吸收系数的空间变换转换为乳胶中相应的折射率变化，光程随之发生变化，而记录介质厚度不变。浮雕型相位全息图是将振幅全息图吸收系数的空间变换转换为被漂白乳胶厚度的相应变化，形成浮雕结构，而折射率保持不变；由于记录介质厚度发生变化，折射率不变，从而引起相位变化。对于折射率型相位全息图，常采用铬漂白液、铁漂白液；对于浮雕型相位全息图，则采用重铬酸钾漂白液、铬酸漂白液和 R－10 柔化漂白液，漂白后要在定影液中定影，以消除卤化银。

第2章　工程光学实验

2.1　测量透镜组的节点位置及焦距

透镜是一种常用的光学元件，采用均匀的透明物质制作，其表面为球面的一部分，具有成像作用。因此，透镜自面世以来受到了广泛的关注并应用于日常生活、生产、科学研究的各个领域，如近视眼镜、老花眼镜、数码相机、投影仪、显微镜、汽车透镜氙气灯、大楼安防监控透镜、组成某些激光器光路的器件等。透镜按其对光线的作用又分为凸透镜和凹透镜，凸透镜对光线起会聚作用，凹透镜对光线起发散作用。作为各类光学仪器和光学实验的基本光学元件，通常用到的不是单个透镜，而是由多个透镜构成的透镜组，以满足不同功能需求的光学系统。相对于单个透镜，透镜组的应用更广泛、更灵活。透镜组可以看成一个整体，具有确定的焦点、焦距、节点。测量透镜组的节点位置以及它的焦距，掌握透镜组的成像规律，有利于进一步熟悉光学仪器的构造、提高光学设计的能力。本实验采用凸透镜构成透镜组，要求测量其节点位置和焦距。

2.1.1　预习

(1) 自行查阅相关书籍、论文等资料，学习并掌握理想透镜组的三对基点和基平面的物理意义。

(2) 理解三对基点和基平面所产生的特殊光学现象，并思考利用这些特殊光学现象如何设计实验，在实验中验证理论分析。

(3) 仔细阅读本实验的实验原理与实验内容，思考本实验的设计原理，提出对本实验进一步改进的方法。

2.1.2　实验目的

(1) 了解透镜组的节点、焦距等概念。

(2) 掌握利用节点架测定透镜组节点位置、焦距的方法。

(3) 自己搭建光路，测量透镜组的节点位置和焦距。

2.1.3　实验原理

无论是单个折射球面、单个透镜，还是多个透镜构成的透镜组，其结构简单还是复杂，都可以把它看成理想的透镜组。对于理想的透镜组，成像规律可以用简单的高斯公式和牛顿公式来研究。但前提是得先确认透镜组的三对基点和基面的位置，即焦点（F，F'）和焦面、主点（H，H'）和主平面、节点（N，N'）和节平面。我们对焦点和焦平面都比较熟悉，下面主要介绍其他几个概念。

垂轴放大率：像的大小与物体本身实际大小之比。

共轭：在理想光学系统中，任何一个物点发出的光线在系统的作用下所有的出射光线仍然相交于一点。由光路的可逆性和折射、反射定律中光线方向的确定性，可得出每一个物点对应于唯一的一个像点。通常将这种物像关系叫作共轭。

角放大率：在近轴区内，一对共轭光线与光轴的夹角之比为这一对共轭点的角放大率。

主平面：垂轴放大率 $\beta = +1$ 的共轭面。

主点：主平面与光轴的交点。

节点：角放大率为 1 的一对共轭点，过节点的入射光线经过系统后出射方向不变（$\mu = \mu'$）。

节平面：过节点并垂直于光轴的平面。

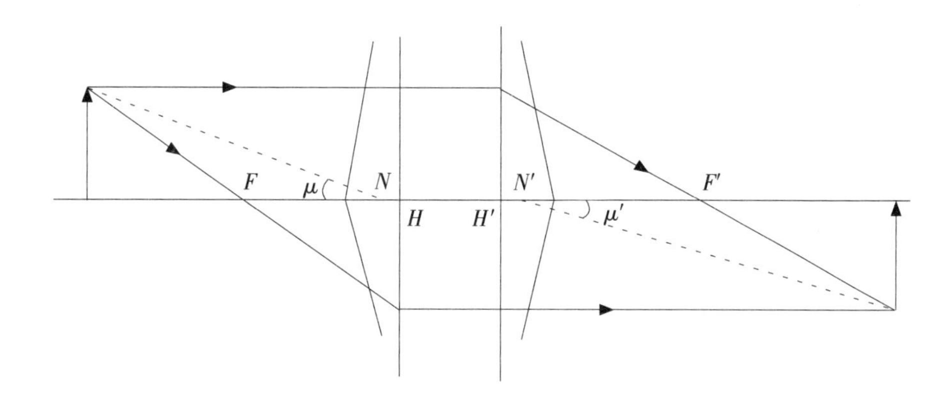

图 2－1　理想光学系统中各基点对的示意图

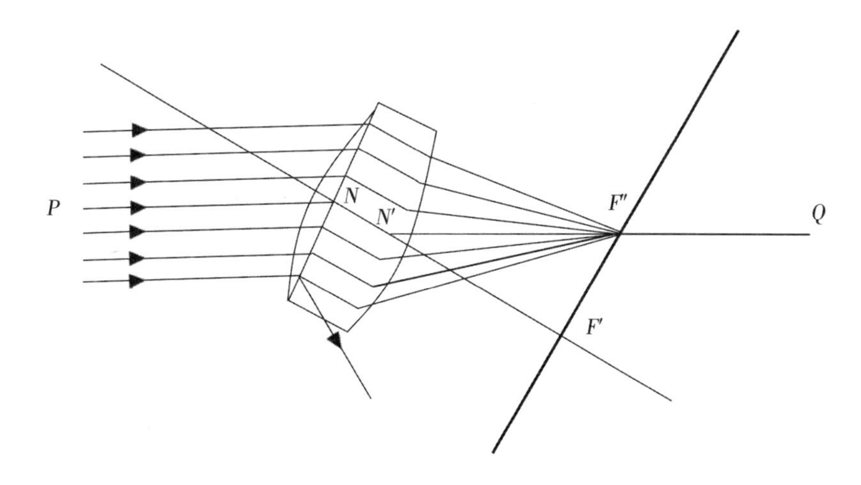

图 2－2　无限远轴外物点发出的光束

图2-1是理想光学系统中三对基点［节点（N，N'）、主点（H，H'）、焦点（F，F'）］的示意图。一般情况下，我们所研究的透镜组两边的介质都是空气，根据几何光学理论，透镜组的两个节点分别与两个主点重合。此时，只需要用两对基点（焦点、主点）和基面（焦面、主平面）就可以得到透镜组的成像规律。一般来说，入射光线经过透镜组后，其出射方向是不平行于入射方向的。而经过节点的入射光线通过光学系统后其出射光线却能保持与入射光线方向一致。如图2-2所示，假如第一个节点是N，则入射光线PN经过透镜折射后，经过共轭节点N'，且$N'Q$与PN平行。$N'Q$与透镜组的像焦平面相交于点F''。于是，所有与PN方向平行的光束经透镜组均相交于点F''，这是因为互相平行的入射光在经过光学系统后，其必相交于同一点。由此可知，如果透镜组转过一个小角，保持节点N位置不变，通过节点的入射光线方向没改变，那么它的出射光方向与没转动前保持一致，此时像点基本上在同一直线上，只是前后稍微移动，而平行光通过透镜组折射后会聚在屏上的位置将不横移，屏上的像稍微模糊一些，如图2-3所示。当然，如果转动透镜组，节点位置发生了变化，那么像的会聚点就会有横向移动。

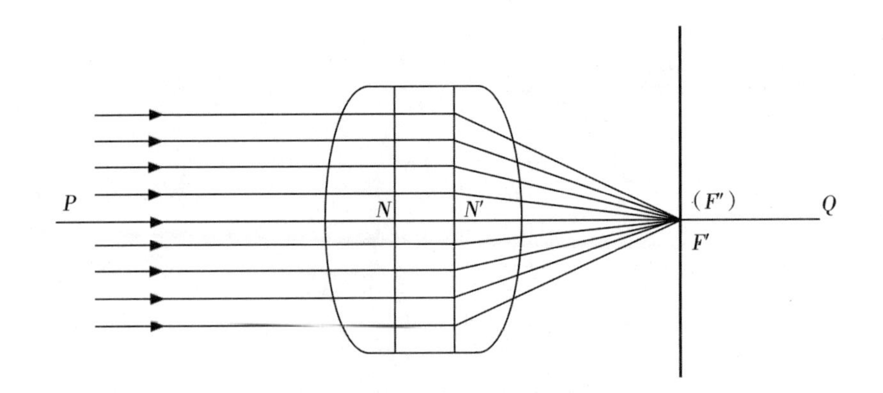

图2-3　无限远轴上物点发出的光束

针对如何测量透镜组的节点位置和焦距，我们设置了以下实验：一个装有透镜组且能够转动的节点架导轨，其侧面带有刻度尺；使平行光入射到固定在导轨节点架上的透镜组；前后移动透镜组位置并轻轻旋转，直到看到清晰的物像，并且不再发生横移为止。此时，转动轴一定通过透镜组的像方节点，并且转动轴到屏的距离为透镜组的像方焦距。由于光学系统两边介质均为空气，主点与节点是重合的，因此转动轴所处的位置即为像方节点的大致位置。最后，把透镜组旋转180°，同理测出物方节点和焦距。

2.1.4　实验器材

带有毛玻璃的白炽灯光源；毫米尺（或分划板）；二维调整架（SZ-07）；物镜（$f_0=190\text{mm}$）；带透镜组的节点架（SZ-28）；测微目镜（去掉物镜头的读数显微镜）；读数显微镜架；二维底座（SZ-03）3个；通用底座（SZ-04）若干个；白屏（SZ-13）；半反半透镜等。

2.1.5　实验内容与步骤

实验装置示意图如图 2－4 所示。

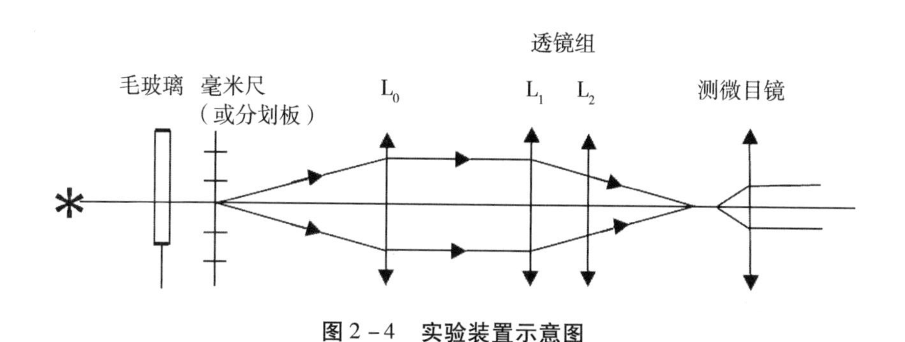

图 2－4　实验装置示意图

（1）获得平行光：调节“平行光管”（自准法），将半反半透镜紧贴于物镜之后，调节物镜与毫米尺（或分划板）之间的距离，使半反半透镜将毫米尺（或分划板）的像清晰地反射到毫米尺（或分划板）所在的平面上；然后通过微调物镜的角度、高度、水平位置，将所成清晰的像移至毫米尺（或分划板）中央。

（2）保持共轴：将各光学元件沿着光学平台的标尺固定在相应的支架上，调整“平行光管”、待测透镜组、测微目镜的位置，使得各元件同轴等高。

（3）获得毫米尺（或分划板）刻度的像：在导轨上固定好节点架旋转轴位置后，先用白屏观察透镜组所成的实像，确定成像平面的位置。然后用测微目镜取代白屏的位置，并且前后移动测微目镜，直至从测微目镜中观察到清晰的像。

（4）粗略确定节点位置：沿节点架导轨前后移动透镜组并轻微旋转，同时，相应地移动测微目镜，直到获得无横移的像。

（5）测量相应距离：在前面的基础上用白屏代替测微目镜，经透镜组成清晰的像到白屏上，获得像方节点大致位置和像方焦距。分别记录下白屏和节点架所在的位置 a、b，再在节点架导轨上记下透镜组的中心位置（用一条刻线标记）与调节架转轴中心（零刻线的位置）的偏移量 d'。则像方节点 N'的位置，即偏离透镜组中心的距离 d'；透镜组的像方焦距 $f'=a-b$。

（6）测量物方焦距 f 和物方节点位置 d：节点架旋转 180°，重复步骤（4）、（5），获得 f 和 d。

重复进行三次实验，将数据分别记录在表 2－1 中。

表 2－1 单位：mm

实验次数	f_0	a_1	b_1	d'	f'	a_2	b_2	d	f
1									
2									
3									

f_0：物镜焦距；a_1、a_2：白屏所在位置；b_1、b_2：节点架所在位置；d'：像方节点 N 位置；f'：透镜组的像方焦距；d：物方节点位置；f：透镜组的物方焦距。

2.1.6 思考题

（1）测量节点过程中应该注意哪些问题？

（2）哪些因素会对测量结果产生影响？

（3）如何减小误差？

（4）如何自组节点架？

（5）单个透镜的焦距大小对透镜组焦距有什么影响？

（6）用什么方法能测凹透镜的主点？

2.2 自组光学显微镜

光学显微镜是利用光学原理，把人眼所不能分辨的微小物体放大成像，以供人们提取微细结构信息的光学仪器，在日常生活、生产、科学研究中有着广泛的应用。光学显微镜是由多个透镜（包含物镜和目镜）组合而成的一种光学系统，不同的组合，获得的放大率不一样。本实验要求学生利用实验室给出的各种分立的光学元件组成具有一定放大倍数功能的显微镜，并用来观察微小物体。这不仅有助于学生掌握显微镜的原理，同时也提高了学生的设计能力和动手能力。

2.2.1 预习

（1）仔细阅读本实验原理，参考有关几何光学教材，在开始实验前，理解显微镜的成像原理以及放大率的定义，根据光路图自行推导出显微镜放大率的公式。

（2）分析在显微镜系统中与放大率相关的参数。

（3）根据本实验中给定的透镜参数，自行设计不同的透镜组合显微镜，理论分析不同组合达到效果有何不同，最后进行实验验证。

2.2.2　实验目的

（1）了解显微镜的工作原理。

（2）学会用分立元件自组显微镜。

（3）测量自组显微镜的放大率。

2.2.3　实验原理

同一物体对人眼所张的视角与物体离人眼的距离有关，由于人眼瞳孔的半径约为 1mm，所以，在一般照明条件下，正常人的眼睛能分辨在明视距离处距离为 0.05 ~ 0.07mm 的两点。对于人眼的分辨极限必须满足瑞利判据：$\Delta Q = 1.22\lambda/D$（λ 为光的波长，D 为瞳孔直径），由此可得出人眼的分辨极限角约为 1′。当人眼对微小物体的张角小于此最小极限角时，人眼将无法分辨，于是用来增大物体对人眼所张视角的显微镜应运而生。

显微镜光路如图 2－5 所示，由两个凸透镜物镜和目镜组成。物镜 L_0 的焦距小于目镜 L_e 的焦距。其具体的工作原理是：先让物体经过物镜后形成倒立、放大的实像，因此，物体位于物镜前方，距离物镜的大小大于物镜的一倍焦距，但小于两倍物镜焦距；然后，调节目镜距离，使得目镜成一个放大镜，从而观察到放大、正立的虚像，但该虚像对被观察物体来说是倒立的。通过改变物体与物镜之间的距离，选择不同焦距的透镜组合等可以获得不同的放大率。

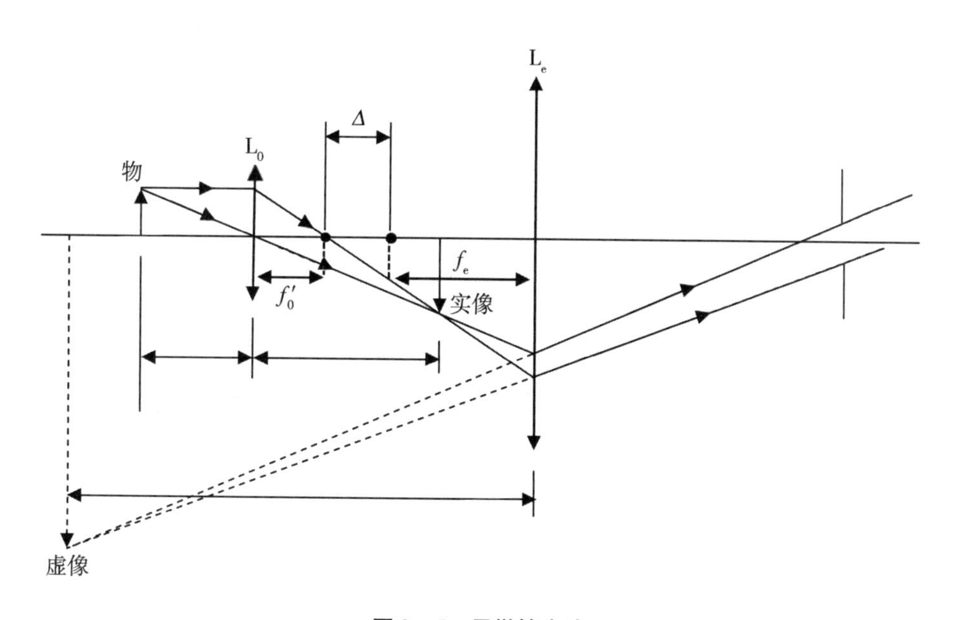

图 2－5　显微镜光路

根据光路图可推导，整个显微镜的放大率等于物镜放大率和目镜放大率的乘积：

$$M=\frac{\Delta}{f_0}\times\frac{D}{f_e}=\beta_0\beta_e \tag{2.1}$$

其中，f_0 为物镜焦距；f_e 为目镜焦距；Δ 为物镜像方焦点到目镜物方焦点之间的距离，也称为光学间隔；D 为明视距离。

2.2.4 实验器材

带有毛玻璃的白炽灯光源；薄透镜（$f_1=50\text{mm}$，$f_2=70\text{mm}$，$f_3=190\text{mm}$，$f_4=225\text{mm}$ 等）若干个；二维调整架（SZ－07）若干个；毫米尺（或分划板）；二维底座（SZ－03）若干个；光源二维调整架（SZ－19）；白色像屏；通用底座（SZ－04）若干个等。

2.2.5 实验内容与步骤

（1）根据实验室提供的透镜的焦距，进行理论分析，选择适合组成显微镜的透镜组，并构成不同组合。

（2）将光源和白屏沿着光学导轨上的标尺固定在相应的支架上，夹好后调整同轴等高。打开光源照亮白屏，将光学元件逐一添加到导轨上，每添加一个光学元件应使白屏所成的亮斑保持在同一位置。

（3）在光学导轨上搭建显微镜，观察并分析其成像规律。调节毫米尺（或分划板）与物镜 L_0 之间的距离（大于物镜一倍焦距，小于两倍焦距），使物体通过物镜成一放大、倒立的实像于白屏上。然后撤走白屏，固定毫米尺（或分划板）与物镜的位置，加入目镜 L_e，调节目镜的位置（可根据显微镜放大公式确定大概的距离位置），直到用眼睛透过目镜观察到清晰放大无畸变的像，此时目镜 L_e 起到了一个放大镜的作用。

（4）画出光路图，在表格里记录相应数据，根据公式计算所组装显微镜的放大率。

（5）更换不同焦距的透镜，组成不同参数的显微镜，重复步骤（2）、（3）、（4），进行三次实验，将数据分别记录在表格里，要求至少一组放大率大于8。

（6）得出结论，比较和分析不同参数显微镜组合的放大效果。

表2－2

单位：mm

实验次数	f_0	f_e	D	Δ	M
1					
2					
3					

2.2.6 思考题

（1）在光学平台上搭建显微镜时，如何调节透镜的位置以获得清晰的像？

（2）推导显微镜放大率的公式。

（3）用同一个显微镜观察不同距离的目标时，其放大率是否不同？请用理论公式加以分析。

（4）利用什么原理或方法可以测量虚像的大小？

（5）影响显微镜放大率的因素有哪些？

（6）在给定透镜参数的情况下，如何获得最大放大率？

2.3 自组透射式投影仪

投影仪是一种可以将图像或视频投射到幕布上的设备，在家庭、办公室、学校和娱乐场所中有广泛的应用。相对简单的有透射式投影仪、幻灯片投影仪，随着计算机技术等一系列先进技术的普及，CRT 三枪投影仪、LCD 投影仪、DLP 投影仪等新型投影仪相继面世。透射式投影仪作为其中的典型代表，它用灯光照射放有透明幻灯片的玻璃台，使幻灯片成像。这种投影仪即时书写很方便，适合在课堂上使用。本实验要求学生利用实验室给出的各种分立的光学元件组成透射式投影仪，并掌握其工作原理。

2.3.1 预习

（1）仔细阅读本实验原理，参考有关几何光学教材，在开始实验前，理解投影仪的成像原理。

（2）分析影响投影成像的因素。

（3）阅读本实验内容与步骤，根据实验中提供的透镜参数，设计不同的透镜组合投影仪，理论预测不同组合达到的投影效果有何不同，最后进行实验验证。

2.3.2 实验目的

（1）了解投影仪的组成和工作原理。

（2）熟悉组成投影仪的光路和元件，并能自组透射式投影仪。

（3）了解光学投影仪的应用。

2.3.3 实验原理

投影仪的作用就是把一平面物体放大成一平面实像以便于人眼观察。为此，除要求物像相似、成像清晰外，还要求像足够亮、照度均匀。组成投影仪的两大部分是照明系统和成像系统。其中，光源、聚光镜组成照明系统；幻灯片、成像透镜、银幕组成成像系统。一般需要配置好这两部分，使光照效率最大，图像照明均匀，才能达到较好的投射效果。将柯勒照明方式应用于投影仪成像是个很好的选择，其优点是：安置幻灯片在尽可能靠近聚光镜的位置，而不是直接把光照在成像物体上，是一种均匀照明。透射式投影仪光路如图2－6所示。

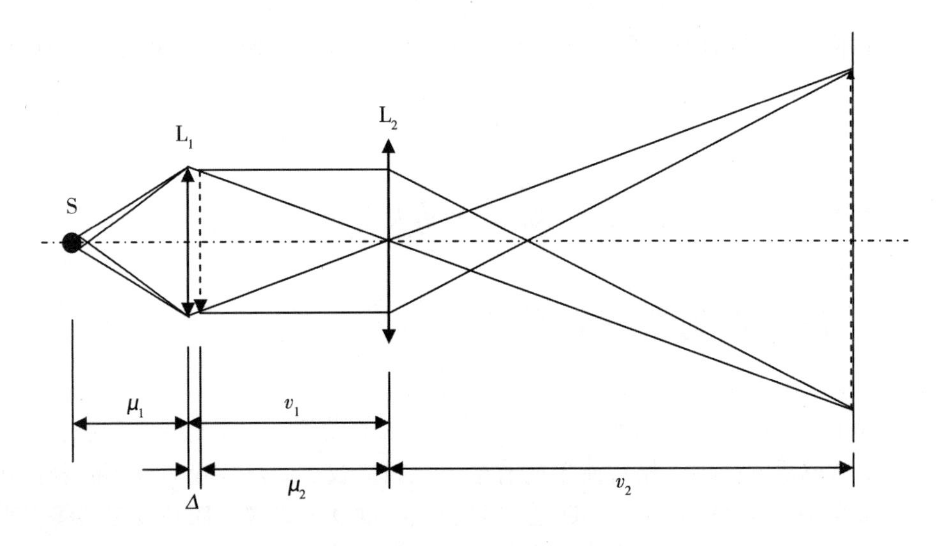

图 2－6 透射式投影仪光路

图中 S 为光源，它经过聚光镜 L_1 在成像物镜 L_2 处成像。组成投影仪的光学系统要求聚光镜 L_1 的焦距较短、成像物镜 L_2 的焦距较长，幻灯片 P 和聚光镜 L_1 有一极小的间隔 Δ，幻灯片 P 通过成像物镜 L_2 成像在像屏 H 处，从而获得放大的投影效果。（图中 $v_1 = \mu_2 + \Delta$）

2.3.4 实验器材

带有毛玻璃的白炽灯光源；薄透镜（$f_1 = 50$mm，$f_2 = 70$mm，$f_3 = 190$mm，$f_4 = 225$mm 等）若干个；幻灯片；二维干版架（SZ－12）；二维调整架（SZ－07）；白色像屏；二维底座（SZ－03）；通用底座（SZ－04）若干个等。

2.3.5 实验内容与步骤

（1）根据实验室提供的不同参数的透镜，选择合适的透镜作为聚光镜和物镜，在导轨上按光路示意图组装好光路，调节光学元件位置使它们等高共轴。

（2）先不加入聚光镜 L_1，打开光源，物镜 L_2 与像屏 H 相距约 1m，将幻灯片置于二维调整架上，在导轨上前后移动装有幻灯片 P 的二维底座，直到它在像屏 H 上成一清晰放大的像。

（3）加入聚光镜 L_1 并使其固定在紧靠幻灯片的位置，取下幻灯片，调节光源位置，直到它成像于物镜 L_2 所在平面。

（4）重新装好幻灯片 P，观察像屏 H 上像的亮度和照度的均匀性，将数据记录到表 2－3 中。

（5）取下聚光镜 L_1，观察像面亮度和照度均匀性的变化。

（6）更换不同参数的透镜作为聚光镜和物镜，重复步骤（2）、（3）、（4）、（5），共进行三次实验。

（7）得出结论，比较不同透镜组合投影仪的成像效果，指出能够获得相对最大、图像最清晰、亮度与照度最为明亮均匀的投影组合。

表 2－3　　单位：mm

实验次数	f_0	f_e	μ_1	v_1	Δ	v_2	像的亮度与照度	像的大小
1								
2								
3								

2.3.6　思考题

（1）像屏 H 上的均匀照度是如何获得的？

（2）聚光镜、物镜的焦距应满足什么参数？

（3）影响成像效果的因素有哪些？

（4）投影仪与显微镜的区别是什么？

（5）在给定透镜参数情况下，如何获得清晰且相对最大的投影效果？

2.4　光学系统中景深的测量

在实际应用中，许多光学系统是把空间中的物点成像在一个像平面上，称为平面上的空间像，如照相机、望远镜等都属于这一类。而景深在这类光学系统的空间像中是很重要的概念，也是光学设计、光学装配中必须考虑的问题。景深与孔径光阑、视场光阑等概念相互结合，关系到光学系统像面的照度、成像范围、系统像差、分辨率和成像质量等。尤其是在我们日常生活经常用到的照相机系统中，合理运用景深将带来不一样的美学效果。因此，有必要安排此实验，以加深学生对几何光学系统的理解，提高对光学系统的设计能力。

2.4.1　预习

（1）仔细阅读本实验原理，并且参考有关几何光学教材，在开始实验前，理解光学系统景深的概念。

（2）分析光学系统中影响景深的因素，根据控制变量法的观点，思考实验中可以改变的变量。

（3）阅读本实验内容与步骤，根据实验中提供的透镜参数，设计不同组合的光学系统，预测不同组合所得到的景深有何不同，最后进行实验验证。

2.4.2　实验目的

（1）深入理解光学系统中景深的概念和在实际运用中景深的意义。

（2）了解影响景深的因素，并分析其对景深产生的影响。

（3）掌握光学实验测量景深的方法。

2.4.3 实验原理

根据理想光学系统的特性，物空间的一个平面，在像空间只有一个平面与之共轭。如图2－7所示，景像平面和对准平面就是一对共轭面。理论上，只有共轭的物平面才能在像平面上成清晰的像，其他物点位于该像平面的像均为弥散斑。任何光能接收器的分辨率都是有限的，因此不要求像平面上的像点为一几何点，而是根据接收器的特性，规定一个允许的分辨率数值。对于眼睛而言，只要此弥散斑对眼睛的张角小于眼睛的最小分辨角1′时，在人眼看来仍为一点。此时，可认为该弥散斑是空间点在平面上的像。

通过对分辨率的设置，光学系统的物方空间可确定成像空间的深度范围，在此深度范围内的物体在该接收器上可得清晰像。能在景像平面上获得成清晰像的物方空间的深度范围称为成像空间的景深，简称景深。能成清晰像的最远平面称为远景平面，能成清晰像的最近平面称为近景平面，它们距对准平面的距离分别称为远景深度和近景深度。显然，景深是远景深度 Δ_1 和近景深度 Δ_2 之和，即 $\Delta = \Delta_1 + \Delta_2$。

在光学系统中，当景像平面上的弥散斑大小确定后，景深与系统的入瞳直径大小、焦距和空间点距对准平面的距离有关。对于照相机光学系统而言，当在明视距离观察照片时，焦距越短，入瞳直径越小，景深越大；拍摄距离越远，景深越大。由公式推导可知，远景深度大于近景深度，它们相对于对准平面不对称。

在测量景深的实验中，根据透镜成像的原理，搭建好光路后，景像平面上所成的平面像将是最佳清晰像。但由于衍射效应的存在，点物经过成像透镜后不再是点像，而是一个三维的光能分布，垂直于光轴的像平面上的光能分布是一个贝塞尔函数，其中心亮斑称为艾里斑。在实验时，通过控制变量的方法，固定实验中透镜和光源的位置，移动成像物体位置，测量不同焦距的透镜的景深。

作为光学系统一个重要的概念，景深也经常被用于实际生活中。对于照相而言，合理运用景深将得到不同的照相效果，可以突出拍摄者的创意，达到理想的艺术效果。如对于场面宏大的风景，需要选择大景深以保持整个画面的清晰；想要突出表现画面的某一局部，最好的方法就是利用较浅的景深以达到主题清楚、背景模糊的效果。所以对于照相机而言，欲达到最大的景深效果，应使用短焦距镜头，选用最小的光圈，在超焦点距离上拍摄；欲达到最小的景深效果，应使用长焦距镜头，选用最大的光圈，以尽可能近的摄距拍摄。

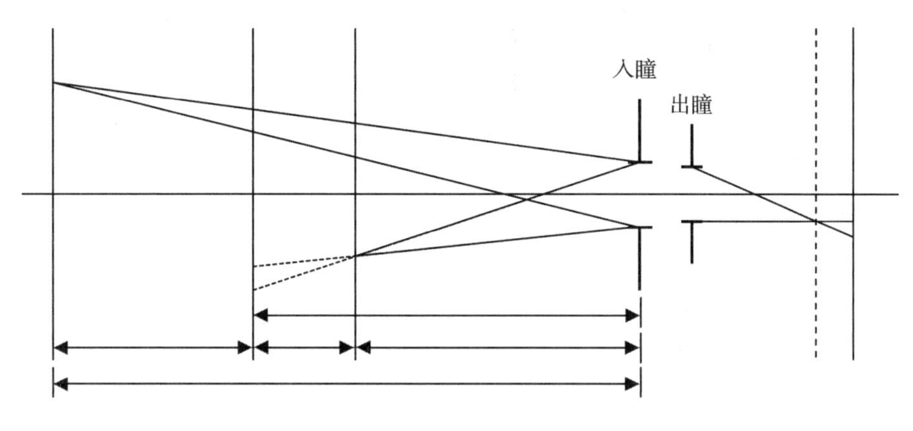

图 2 – 7　景深示意图

2.4.4　实验器材

带有毛玻璃的白炽灯光源；白屏；会聚透镜（f_0 = 190mm）；成像透镜（f_1 = 50mm，f_2 = 70mm 等）；二维调整架（SZ – 07）若干个；一维底座（SZ – 03）若干个；通用底座（SZ – 04）若干个；毫米尺等。

2.4.5　实验内容与步骤

（1）以毫米尺作为成像物体。

（2）按图 2 – 8 在导轨上放置好各种光学元件，调节好高度，保持光路垂直于白屏。

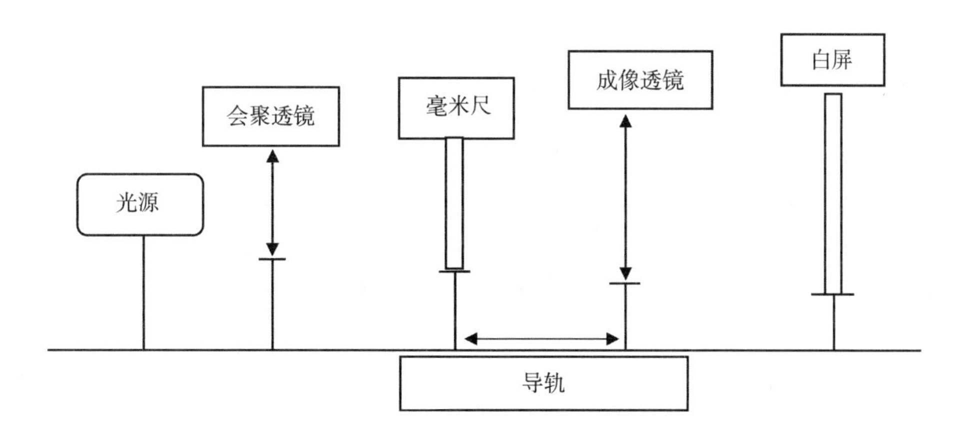

图 2 – 8　实验装置示意图

（3）带有毛玻璃的白炽灯光源经会聚透镜形成光束，作为实验光源。保持毫米尺到会聚透镜距离和成像透镜到毫米尺距离恒定，调节白屏的位置，找到最佳成像位置，即景像平面位置。由透镜成像的原理可知，凸透镜成像，物距（透镜组到物体距离）在一倍焦距到两倍焦距之间成放大倒立实像。将物距设置为 90mm（该值可以根据实验所提供的成像透镜的焦距做出调整，本实验设定为90mm）。

（4）移动毫米尺靠近成像透镜直到成像刚好不能由人眼清晰分辨（一般而言，光孔中央为透镜系统成像最佳点，因此以中央刻度线为标准，当中央刻度线刚好消失，此时定义为刚好不能清晰分辨）；接着，毫米尺（物体）远离成像透镜，直到光屏成像不能清晰分辨（中央刻度线刚好消失）。

（5）重复步骤（4）并测量出毫米尺刚好不能在白屏上清晰成像时，毫米尺距离成像透镜之间的最近距离 L_{min} 和最远距离 L_{max}。将相应数据记录在表2-4中，并计算景深（即 $L_{max}-L_{min}$）。重复测量三次。

（6）更换不同焦距的成像透镜，重复步骤（3）、（4）、（5）。注意：对于不同透镜成像，严格保持对准平面与透镜距离不变。

表2-4　　单位：mm

实验次数	L_{min}	L_{max}	景深
1			
2			
3			
平均值			

注：成像透镜选择：$f_1=50$mm。

表2-5　　单位：mm

实验次数	L_{min}	L_{max}	景深
1			
2			
3			
平均值			

注：成像透镜选择：$f_2=70$mm。

结论：景深较大的透镜：$f=$____。

用公式说明透镜焦距 f 与景深的关系。

2.4.6 思考题

（1）如何减小景深测量的误差？

（2）景深与焦深有何不同？

（3）景深和光阑之间有何关系？请用公式加以说明。

（4）实验中成像只用到一个透镜，实际应用中的光学成像系统一般不止一个成像

透镜，请以实际例子说明影响景深的参数。(如显微镜放大倍数与景深关系)

（5）增大光学成像系统的景深有哪些方法？请列举一两种方法并进行简要介绍。

2.5　光学系统中孔径光阑与视场光阑的测量

理想的光学系统可以对任意大的物体以任意宽的光束进行完善成像，但实际的光学系统不可能为无限大，进入系统的光线将受到光学元件有限的通光口径的限制。而孔径光阑、视场光阑等作为专门设置的光孔，不同于普通的光学系统透光孔，它们能最有效地控制成像光束的光能量，其孔径大小限定了光阑物面或像面的大小，从而限定了光学系统的成像范围。同时，孔径光阑、视场光阑等也是光学设计和光学装配必须考虑的问题，它们关系到光学系统像面的照度、成像范围、系统的像差、分辨率和成像质量等。因此，通过实验测量光学系统的孔径光阑与视场光阑具有很重要的实际意义。

2.5.1　预习

（1）查阅有关几何光学教材，在实验进行前了解光阑对光学系统光束的限制。

（2）理解孔径光阑和视场光阑的区别，思考照相机等实际成像系统中孔径光阑和视场光阑分别由什么光学元件确定。

（3）参考上一个实验，思考孔径光阑的变化对光学系统景深的影响。

（4）阅读实验原理及实验内容与步聚，根据实验中提供的透镜参数，设计不同透镜组合的成像系统，预测不同组合光阑位置是否相同，最后进行实验验证。

2.5.2　实验目的

（1）深入理解孔径光阑和视场光阑的相关知识与概念。

（2）学会确定孔径光阑和视场光阑。

2.5.3　实验原理

实际的光学系统不可能对任意宽的光束进行完善成像，光学系统也有自己的特性，它的通光口径限制进入系统的光线，于是入射光束大小和成像范围会受到一定的限制。牵一发而动全身，对光束的限制不仅影响光束宽度、像大小，也会影响光学系统的其他参数，如系统分辨力和景深、像差等。照相系统的光圈就是一个通光口径，会限制光束的大小，改变光圈的大小也会改变进入系统的光能，因此可以通过调节光圈大小来获得接收器所需的曝光量。

首先，我们介绍两个关于近轴物点近轴光线成像的概念：物空间和像空间。未经光学系统变换的光束所在的几何空间称为物空间，它包括所有实物点、虚物点所在的几何空间。经光学系统变换后的光束所在的几何空间称为像空间，它包括所有实像点、虚像点所在的几何空间。

孔径光阑有两个物理量：入瞳和出瞳，它们分别是孔径光阑通过前面透镜（组）

在光学系统的物空间所成的像和通过后面透镜（组）在光学系统的像空间所成的像。入瞳、孔径光阑、出瞳三者是共轭的，如图 2－9 所示。光学系统中所有光学元件的通光孔（镜框）分别通过其前面的光学元件成像到整个系统的物空间中，在所有光孔像中，入瞳是对轴上物点张角最小者，限制了轴上光束的孔径角，于是入瞳对应的实际光孔即为孔径光阑。例如，人眼的瞳孔就是孔径光阑。值得注意的是，孔径光阑的位置不同，对物点发出并参与成像的光束通过透镜的部位也就不同，如图 2－10 所示。换句话说，孔径光阑对透过光学系统的光束具有选择作用，所以，孔径光阑的大小决定成像面上的照度。在光学系统中，孔径是描述成像光束大小的参量，系统对近距离物体成像时，用孔径角来表示孔径大小；系统对无限远物体成像时，用孔径高度来表示孔径大小。

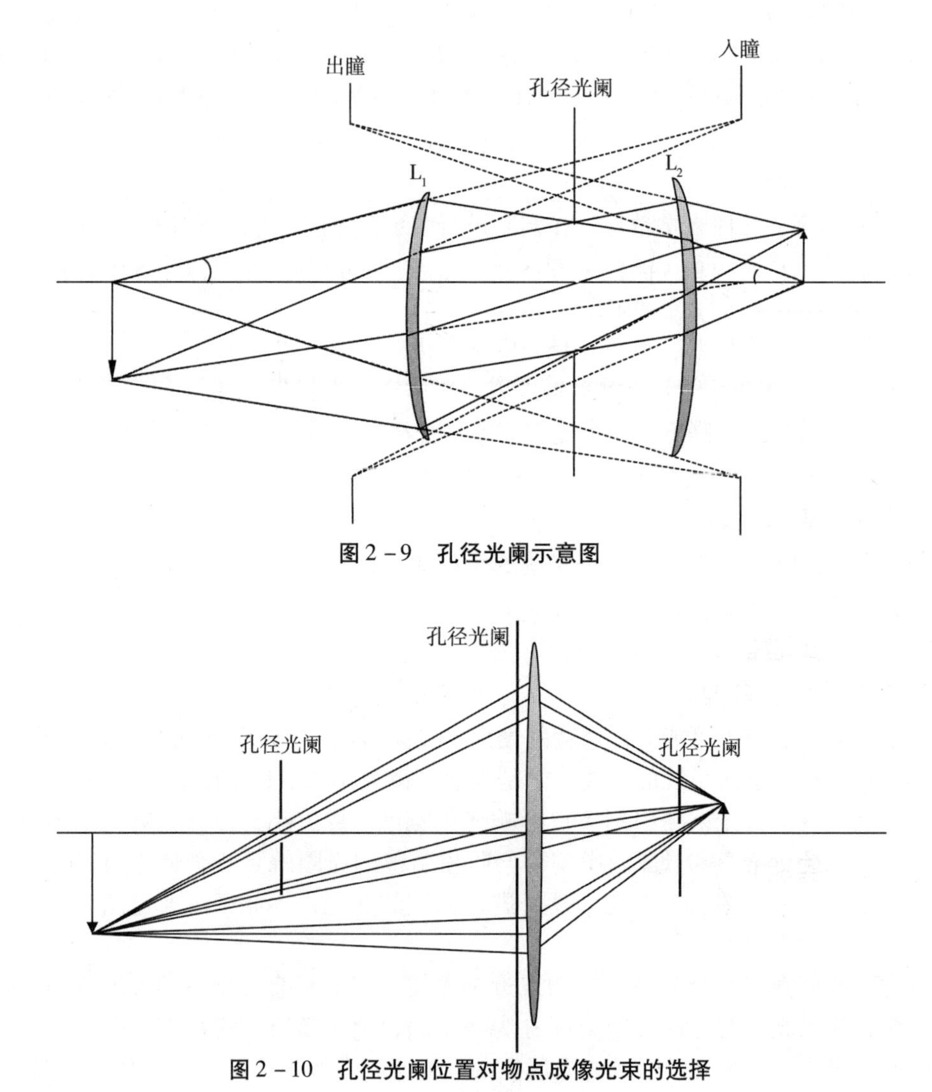

图 2－9　孔径光阑示意图

图 2－10　孔径光阑位置对物点成像光束的选择

注意：孔径光阑的位置相对于透镜 L_1 和 L_2 都是放置于两透镜的一倍焦距之内，因此，孔径光阑通过前面透镜和后面透镜所成的入瞳和出瞳均为虚像，虚像与物在透镜的同一侧。

对于光学系统，视场是成像范围大小的参量，用物体的高度 y 来表示系统对近距离物体成像时的视场大小，用视场角来表示系统对远距离物体成像时的视场大小。综上所述，光学系统中用于限制成像范围大小的光阑称为视场光阑，其原理如图 2-11 所示。

视场光阑一般位于像面或物面上，有时也设置在系统成像过程中的某个中间实像面上，这样物或像的大小直接受视场光阑口径的限制，口径以外的部分将被阻挡而无法成像，系统成像范围有着非常清晰的边界。例如，照相系统中的底片就是视场光阑。

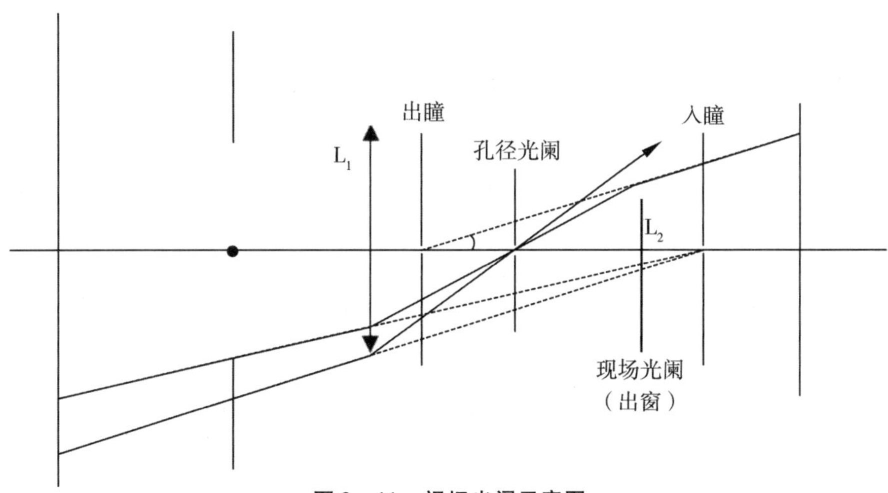

图 2-11　视场光阑示意图

2.5.4　实验器材

带有毛玻璃的白炽灯光源；白屏；可变光孔；透镜若干个（f_0 = 190mm，f_1 = 50mm，f_2 = 70mm 等）；二维调整架（SZ-07）若干个；一维底座（SZ-03）若干个；通用底座若干个；毫米尺等。

2.5.5　实验内容与步骤

（1）先判定孔径光阑，如图 2-12 所示。

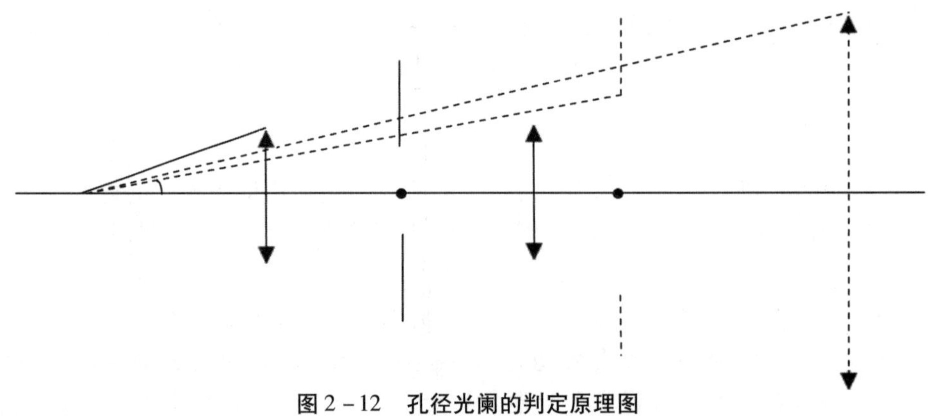

图 2－12　孔径光阑的判定原理图

（2）理论分析光路，确定孔径光阑的位置，并将可变光孔紧靠孔径光阑前放置，使可变光孔作为成像系统的孔径光阑，此时孔径光阑的大小可以改变。

①光学元件的通光孔径经前方透镜（组）成像到物空间，并求出各个光孔在物空间像的大小和位置。

②物点处于有限远时，在所有光孔像中，入瞳是对轴上物点张角最小者，限制了轴上点光束的孔径角。入瞳对应的实际光孔即为孔径光阑。

③物点处于无限远时，光学系统中所有光学元件的通光孔径分别经其前面的透镜（组）成像到整个系统的物空间，则直径最小的像就是系统入瞳，与入瞳共轭的元件即为孔径光阑。

（3）理论分析透镜系统，确定视场光阑的位置。将可变光孔置于视场光阑所在的平面上，此时视场光阑大小可以改变。

假设孔径光阑、入瞳、出瞳均为无穷小（特殊情况），轴上轴外物点均只有一条主光线经过光学系统成像。

①将除孔径光阑外的所有光孔经其前方透镜（组）成像到物空间，求出每个光孔像的位置和大小。

②各光孔像中，入瞳中心张角最小者，其像本身为入射窗，像对应的实际光孔即为视场光阑。视场光阑经后方透镜（组）在像空间所成的像即为出射窗。

（4）参照实验装置示意图，安放好元件，搭建实验光路。在本实验中，毫米尺到透镜 1 的距离（物距）为透镜 1 的一倍到两倍焦距之间，在透镜 1 和透镜 2 之间成放大倒立的实像。孔径光阑由透镜 1 的尺寸所决定，用可变光阑紧靠透镜 1 作为孔径光阑。

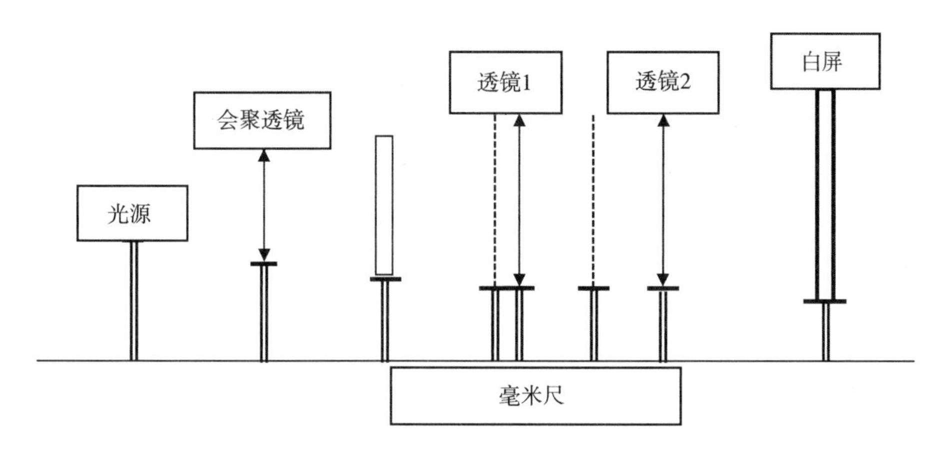

图 2-13　**实验装置示意图**

（5）通过改变孔径光阑的大小，观测成像面上照度的变化（亮暗变化规律），并记录在表 2-6 和表 2-7 中。

（6）视场光阑位于透镜 1 和透镜 2 之间的清晰成像面上，将可变光阑置于该平面上，通过可变光阑改变视场光阑的大小。

（7）通过改变视场光阑的大小，观测成像范围的变化，并记录在表 2-6 和表 2-7 中。

（8）改变不同的透镜组合，重复实验步骤（4）~（7）。

要注意的是，孔径光阑是用来限制光束发散角大小的，对于不同入射点的光线，孔径光阑是不同的，在一个光学系统中，透镜本身也是孔径光阑。换言之，实验中只要可变光阑的位置可以限制光束发散角的大小，那么该可变光阑可以作为系统的孔径光阑（本实验验证的是透镜 1 的孔径光阑的作用，将可变光阑紧靠透镜 1，目的是改变透镜 1 孔径光阑的大小）。但是，一个光学系统的入瞳只有一个，出瞳也只有一个。

第一组：透镜焦距的选择 f_1 = ____mm，f_2 = ____mm；透镜 1 到毫米尺的距离 L_1 = ____；透镜 1 与透镜 2 的距离 L_2 = ____。

表 2-6

	照度的变化	成像范围的变化
改变孔径光阑的大小		
改变视场光阑的大小		

第二组：透镜焦距的选择 f_1 = ____mm，f_2 = ____mm；透镜 1 到毫米尺的距离 L_1 = ____；透镜 1 与透镜 2 的距离 L_2 = ____。

表 2-7

	照度的变化	成像范围的变化
改变孔径光阑的大小		
改变视场光阑的大小		

2.5.6 思考题

（1）为使物镜尺寸最小，孔径光阑应该设在什么位置上？

（2）怎样才能使渐晕现象减到最小？

（3）改变物体位置，系统孔径光阑的位置是否会发生变化？

（4）如何观测光阑的虚像位置和大小？

（5）光学系统中除了孔径光阑与视场光阑外，还存在什么光阑？说明其作用。

2.6 干涉条纹与衍射条纹光强分布测量

干涉和衍射现象是光的波动性的两个基本特征，也是用于判断某种物质是否有波动性的依据。光的干涉与衍射在本质上是相同的，都是光波发生相干叠加的结果，得到明暗相间的条纹。但光的干涉强调的是两个或多个光波的叠加，光的衍射现象强调的是大量波的叠加。随着激光的发明，干涉和衍射在实际生活中得到广泛的应用，比如干涉可以运用在精密测量领域，测量透镜的曲率半径、微小厚度等，并且在学科上形成专门的干涉测量技术或称激光干涉测量学；而衍射在光学分析技术领域也扮演着同样重要的角色，科学家根据衍射图样与障碍物的结构一一对应的关系，利用 X 射线穿过晶体后发生晶格衍射，不同的晶体产生不同的衍射图样，从而推理出组成晶体的原子的排列方式。由此可见，测量干涉条纹与衍射条纹的光强分布具有重要的意义。

2.6.1 预习

（1）自行查阅相关书籍、论文和资料，学习并掌握干涉与衍射的物理意义，理解两者之间的区别与联系。

（2）理解干涉与衍射的基本特征，思考如何通过这些特征来设计实验装置，分析影响实验的参数。

（3）仔细阅读实验原理及实验内容与步骤，对比干涉实验与衍射实验的光路设置，思考能否利用相同的实验光路获得两种实验现象。

2.6.2 实验目的

（1）理解杨氏双缝干涉现象与单缝夫琅禾费衍射的基本原理。

（2）掌握杨氏双缝干涉与单缝夫琅禾费衍射的实验装置，学会调整光路。

（3）学会测量杨氏双缝干涉的相对光强分布，并掌握一种推导光波波长的方法。

（4）学会使用光电元件来测量单缝夫琅禾费衍射的相对光强分布，并掌握其分布规律。

2.6.3　实验原理

光波服从波的叠加原理，当两个（或多个）相干光波叠加，一些点的振动始终加强，而另一些点的振动始终减弱，该区域在观察时间里形成稳定的光强强弱分布的现象，即为光的干涉现象。根据矢量波叠加分析，两个（或多个）光波必须满足以下条件，才是相干光波，因此也称为相干条件，即两列波频率相同、有相同的振动方向且相位差恒定。获得相干光波的方法一般有三种：①分波前法，如杨氏双缝干涉；②分振幅法，如薄膜干涉和迈克尔逊干涉；③分振动面法，如偏振光干涉。本实验采用杨氏双缝干涉的原理对干涉条纹进行观察，其相干光路如图 2－14 所示。波长为 λ 的钠光入射单缝 S 后可视 S 为单色线光源，该线光源所发柱面波经间距为 d 的双缝 S_1 与 S_2 后可在白屏上获得干涉条纹，条纹间距为 $e=D\lambda/d$，其中屏到双缝的距离为 D。相同的点具有相同的强度，形成同一条干涉条纹。当 $x=\frac{m\lambda D}{d}$（$m=0$，±1，±2，…）时光强最大，为亮纹；当 $x=\left(m+\frac{1}{2}\right)\frac{\lambda D}{d}$（$m=0$，$\pm1$，$\pm2$，…）时光强极小，为暗纹。

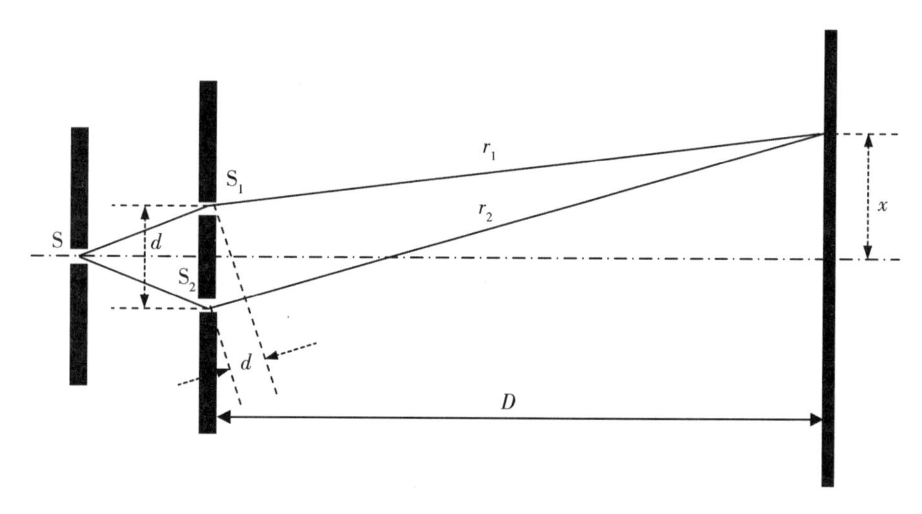

图 2－14　杨氏双缝干涉原理图

干涉条纹是一组平行等间距的明暗相间的直条纹。中央为零级明纹，上下对称，明暗相间，均匀排列。干涉条纹不仅仅出现在白屏上，两光束重叠的区域都会存在干涉，所以杨氏双缝干涉属于非定域干涉。当 D、λ 一定时，e 与 d 成反比；d 越小，条纹分辨越清楚。

利用光的干涉原理可以进行长度的精密计量，迈克尔逊干涉仪就是利用光的干涉原理的一个例子。迈克尔逊干涉仪可用来精确测量长度、测定气体在各种温度和压强下的折射率等，具有广泛的用途。另外，根据光的干涉原理还可以设计全息照相的光路，即通过记录光波的振幅和相位的全部信息，得到栩栩如生的立体照片。

衍射是光的波动性的主要特征之一。光在传播路径中，遇到障碍物或者小孔（窄缝）时，会绕过障碍物，产生偏离直线传播的现象称为光的衍射。衍射时产生的明暗条纹或光环，叫衍射图样。实际上波面的任何形变（通过相位物体）或者说波面（波前）上光场的复振幅分布受到任何空间调制，都将导致衍射现象的发生，而使通过障碍物以后的光场的复振幅重新分布。

衍射分为两种：一种是菲涅耳衍射，单缝距光源和接收屏均为有限远或者说入射波和衍射波都是球面波；另一种是单缝夫琅禾费衍射，单缝距光源和接收屏均为无限远或相当于无限远，即入射波和衍射波都可看作平面波。本实验将重点探讨单缝夫琅禾费衍射，原理如图 2－15 所示。

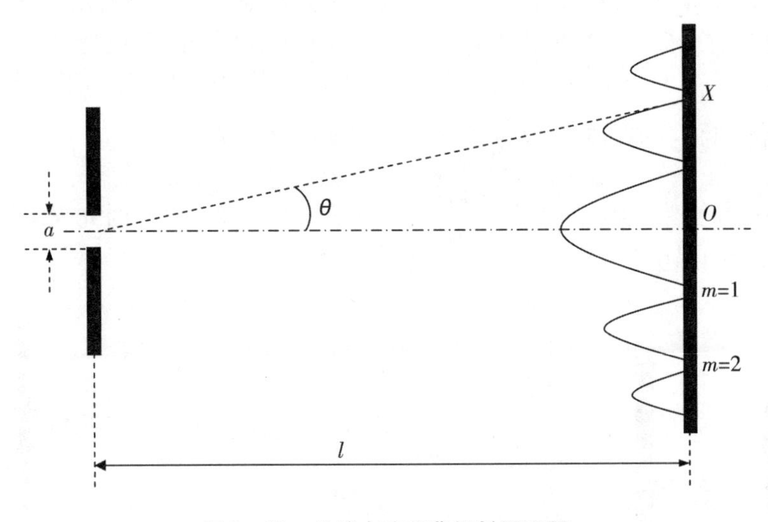

图 2－15　单缝夫琅禾费衍射原理图

在图 2－15 中，a 为单缝宽度，缝和屏之间的距离为 l，θ 为衍射角，傍轴近似下，其在观察屏上的位置为 X，X 离屏幕中心 O 的距离为 $OX=\theta\times l$，设光源波长为 λ，则单缝夫琅禾费衍射的光强公式为：

$$I=I_0\left(\frac{\sin\alpha}{\alpha}\right)^2 \tag{2.2}$$

式中，$\alpha=\frac{kla}{2}=\frac{\pi}{\lambda}a\sin\theta$。

中央亮纹的角半宽度为：

$$\Delta\theta=\frac{\lambda}{a} \tag{2.3}$$

光的衍射决定光学仪器的分辨本领。气体或液体中的大量悬浮粒子对光的衍射也起重要的作用。光的衍射可用于光谱分析、结构分析、成像、再现波阵面等方面，是现代光学领域中十分重要的范畴。

2.6.4 实验器材

钠光灯；氦氖激光器；双缝；可调狭缝；测微目镜（去掉物镜头的读数显微镜）；二维调整架（SZ－07）若干个；二维底座（SZ－03）若干个；升降调节座（SZ－03，通用口径 φ 为 10 mm，Z 向移动范围为 30mm）若干个；白屏（SZ－13）；CCD 光电探测器；透镜；毫米尺等。

2.6.5 实验内容与步骤

一、杨氏双缝干涉实验

（1）了解钠光灯及其使用方法。

（2）根据杨氏双缝干涉实验原理图，搭建实验光路。

（3）将各光学元件按顺序放置于光学导轨上，正确布置实验光路并调至同轴等高。

（4）开启电源预热钠光灯。

（5）调整白屏位置观察双缝干涉现象，并适当调节单缝方位旋钮使条纹清晰易于观测。

（6）用测微目镜取代白屏，前后移动测微目镜，直至从测微目镜中观察到清晰的条纹。

（7）选 6～8 条暗纹作为测量对象，利用测微目镜连续读取其位置读数并做好记录。

（8）进行多次测量，以减少误差。

（9）在光具座导轨上分别读取双缝与测微目镜位置读数。

（10）改变白屏位置、双缝距离，测量多组数据并进行对比。

（11）关闭钠光灯，归整仪器，结束实验。

表 2－8

次数	选取条纹数量	起始位置读数	终止位置读数
1			
2			
3			
条纹间距			

二、单缝夫琅禾费衍射实验

（1）在光学平台正确安置好各实验元件，如图 2－16 所示。打开氦氖激光器，调整激光器和光阑共轴（水平移动光阑，只要照在 CCD 上的光强不变，则可以认为已经共轴了)，再把调节光强的装置放上去，最后把 CCD 连上电脑。

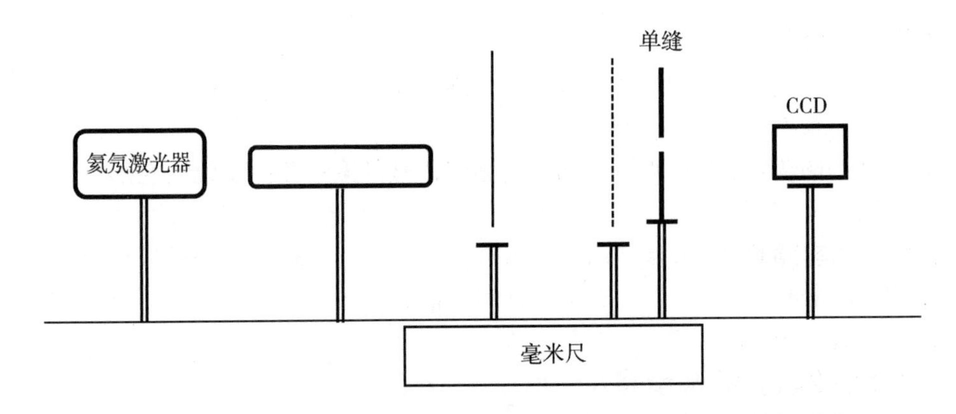

图 2－16　单缝夫琅禾费衍射实验装置图

(2) 屏蔽背景光源，开启电脑，打开软件，进行拍摄，调整单缝，再调整光强，直到看到清晰的单缝衍射图像。

(3) 确保氦氖激光器的激光垂直照射单缝，将单缝调节到合适的宽度；由于实验所用激光束很细，故所得衍射图样是衍射光斑（依据条件可配一准直系统，如倒置的望远镜，使物镜作为光入射口，将激光扩束成为宽径平行光束，即可产生衍射条纹)。

(4) 记录好衍射图像和数据，进行光强分布曲线的绘制。

2.6.6　思考题

(1) 影响干涉与衍射条纹可见度的因素有哪些?

(2) 杨氏双缝干涉实验中的钠光灯能否用白光源代替? 若能，将出现怎样的现象? 若不能，请解释原因。

(3) 请解释什么是非定域干涉和定域干涉。

(4) 在单缝夫琅禾费衍射实验中，激光输出的光强若有变化，对单缝夫琅禾费衍射图像和光强分布曲线有何影响?

(5) 在单缝夫琅禾费衍射实验中，自然光光强对作图有没有影响?

2.7　偏振光的产生与检测

光的衍射和干涉证明了光具有波动性，而光的偏振和在光学各向异性晶体中的双折射现象进一步证实了光的横波性。光是一种电磁波，其振动方向和光波前进方向构成的平面叫作振动面，振动方向对于传播方向的不对称性叫作偏振。根据偏振特性来看，光一般可分为偏振光、自然光和部分偏振光。光矢量的方向和大小有规律变化的光称为偏振光。光的偏振特性在日常生活、科学研究、工程技术中有着广泛而重要的应用，因此我们有必要通过实验加深对偏振光的认识和理解。

2.7.1　预习

（1）自行查阅相关书籍、论文等资料，理解偏振光的概念、类别。
（2）了解偏振片、波片的特性。
（3）仔细阅读实验原理及实验内容与步骤，思考如何获取和检验偏振光。

2.7.2　实验目的

（1）观察光的偏振现象，加深对偏振概念的理解。
（2）掌握产生和检验偏振光的条件和方法。
（3）观测椭圆偏振光与圆偏振光。
（4）了解各种波片和偏振器件的特征与用途。

2.7.3　实验原理

光是一种电磁波，由于电磁波对物质的作用主要是电场，故在光学中把电场强度 E 称为光矢量。从偏振特性看，光可分为线偏振光、圆偏振光、椭圆偏振光、自然光和部分偏振光。实际上又可把线偏振光和圆偏振光看作椭圆偏振光的特例。

线偏振光：在光的传播过程中，光矢量的方向不变，其大小随相位变化。线偏振光对应的光矢量在垂直于传播方向的平面内，只沿一个方向振动。

圆偏振光：在光的传播过程中，虽然光矢量的大小始终不变，但其振动方向呈规则变化。光矢量端点的变化轨迹是圆形。

椭圆偏振光：在光的传播过程中，光矢量的大小和方向均出现规则变化，其光矢量端点的变化轨迹是椭圆。

自然光：自然光各方向的振幅均相同。对自然光而言，它的振动方向在垂直于光的传播方向的平面内可能取任一方向，没有一个方向占有优势。通过将所有方向的光振动都分解到相互垂直的两个方向上，可以得到这两个方向上振动能量和振幅都相等的偏振光。一般可以用两个光矢量互相垂直、大小相等、相位无关联的线偏振光来表示自然光，但不能将两个相位没有关联的光矢量合成为一个稳定的偏振光。

部分偏振光：除了线偏振光和自然光外，还有一种偏振状态介于两者之间的光。当使用偏振片去检验这种光的时候，随着检偏器透光轴的转动，透射光的强度会交替出现极大值和极小值，其中极小值始终不为 0（即不会出现消光现象）。这点既不同于自然光那样始终不变，也不同于线偏振光那样每转 90°光强会交替出现强度极大值和消光现象。从内部结构看，这种光虽然与自然光一样在各方向上均有振动，但其在某一方向上的振动会更占优势，这个方向的振幅也会更大。具有这种特点的光叫作部分偏振光。

检测偏振光：起偏器是将非偏振光变成线偏振光的器件；检偏器是用于鉴别光的偏振状态的器件。根据马吕斯定律，当被检测光是线偏振光时，光线通过透光轴方向已知的检偏器，可以观察到透射光强随检偏器透光轴方向旋转而变化的现象，并且在某个位置上透射光强为零，即出现消光现象。而对于被检测光是椭圆偏振光的情况，我们可以利用检偏器和1/4波片进行测定。首先用检偏器测定椭圆长轴和方位角。由琼斯矩阵计算可知，当旋转检偏器时，透过光强将随之变化。当检偏器透光轴与长轴重合时，有最大透射光强；而当两者方向互相垂直时，有最小光强。然后在用检偏器找到椭圆长轴方位的基础上，在检偏器前插入1/4波片，当旋转到出现最大透射光强时，则表明波片快轴方向与椭圆长轴方向一致。在旋转1/4波片的过程中，记录相应的特殊位置，画出象限图，则可以清晰明了地确定旋向。

2.7.4 实验器材

白光源；凸透镜；二维调整架；升降调节座若干；偏振片；*X*轴旋转二维调整架；1/4波片；万用表光电探测器；毫米尺等。

2.7.5 实验内容与步骤

本实验分两部分内容：①检测线偏振光；②检测椭圆偏振光。

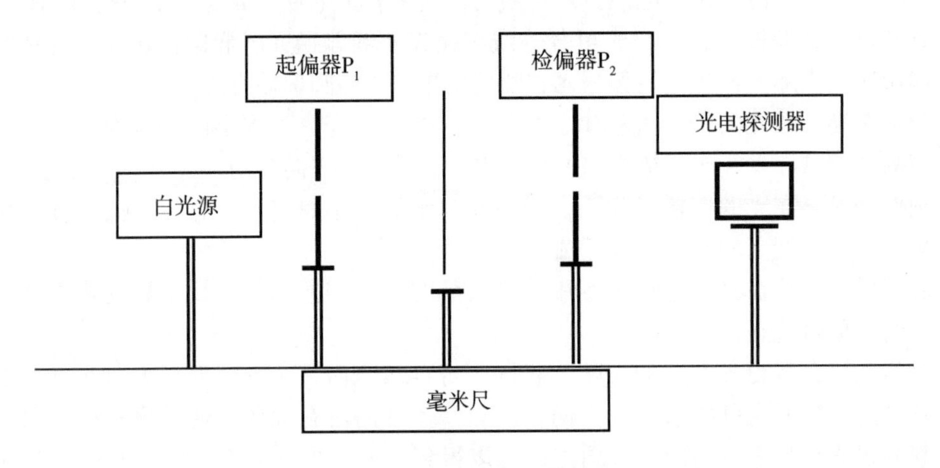

图2-17 实验装置示意图

一、检测线偏振光

使白光源通过起偏器产生线偏振光，用装在*X*轴旋转二维调整架上（对准指标线）的偏振片作为检偏器，在转动的过程中进行偏振态检验，分析透过光强变化与角度的关系。按照实验装置图（图2-17），摆放好各元件，调节等高共轴。

（1）将万用表光电探测器连接好，调到直流电压挡，测量背景光产生的电压，记录U_0值。

（2）打开白光源电源，调节共轴，利用透镜将光源聚焦形成简易的平行光源，通过随后的光器件。

（3）取下1/4波片。

（4）旋转检偏器（偏振片P_2）至电压U值最大处停下（起偏器P_1、检偏器P_2均处于平行状态时，两者偏振的夹角 θ 视作 0°），记录 P_2 所处的位置 θ 和万用表光电探测器对应的电压 U 值。

（5）旋转 P_2 一周，每隔 15°记录一次万用表光电探测器电压 U 值，减去 U_0 并填入表 2－9 中。

（6）根据表 2－9 的数据作出 θ —U 函数关系图，并分析曲线，得出结论。

表 2－9

θ(°)	0	15	30	45	60	75	90	…																
U(V)																								

二、检测椭圆偏振光（含圆偏振光）

白光源通过起偏器产生线偏振光，再通过 1/4 波片之后，用装在 X 轴旋转二维调整架上的偏振片在旋转中观察透射光强变化，观察是否有两明两暗位置（对比与上一个实验的现象有何不同），在暗位置，检偏器的透振方向即为椭圆的短轴方向。

按照相同的实验装置图，摆放好各元件，调节等高共轴。

打开白光源电源，调节共轴，利用透镜将光源聚焦形成简易的平行光源，通过随后的光器件。

（1）在放置 1/4 波片前，调节检偏器 P_2 至电压 U 值最小处停下，记录此时检偏器 P_2 所处的位置 θ。

（2）在起偏器 P_1 和检偏器 P_2 之间放入 1/4 波片，旋转 1/4 波片至电压 U 值最小处停下，记录 1/4 波片此时所处的位置（1/4 波片与起偏器 P_1 平行时，两者偏振夹角 α 视为 0°）。

（3）旋转检偏器 P_2 一周，每隔 15°记录一次 U 值，减去背景光产生的电压，填入表 2－10 中。

（4）分别改变 α（1/4 波片与 P_1 的夹角）至 30°和 45°并且旋转 P_2 一周，每隔 15°记录一次 U 值，减去背景光产生的电压，填入表 2－10 中。

（5）根据表 2－10 数据，分别作出 $\alpha=0°$、30°、45°时的 $\theta-U$ 函数关系图，并分析曲线，得出结论。

表 2－10

$\alpha=0°$	θ(°)	0	15	30	…																			
	U(V)																							
$\alpha=30°$	θ(°)	0	15	30	…																			
	U(V)																							
$\alpha=45°$	θ(°)	0	15	30	…																			
	U(V)																							

2.7.6 思考题

(1) 什么是马吕斯定律？写出马吕斯定律的光强公式。

(2) 怎样利用偏振片和波片鉴别圆偏振光和自然光？

(3) 列举几种由自然光产生线偏振光的方法。

(4) 实验中用的白光源可用其他什么光源替代？

2.8 刀口法测量光斑尺寸

光斑尺寸是衡量光束质量的重要参数之一。测量光斑尺寸的方法有针孔法、Talbot效应法、刀口法等。其中，刀口法所用的装置较为简单，且操作方便、测量精度高，因此得到广泛的应用。本实验采用刀口法测量光源光斑尺寸，既要求学生了解和掌握光源的相关参数，又要求学生具备实际测量技能，定量测出光斑尺寸。

2.8.1 预习

(1) 自行查阅相关书籍、论文等资料，了解和掌握氦氖激光器的光束参数。

(2) 了解光斑尺寸的测量方法。

(3) 仔细阅读实验原理及实验内容与步骤，思考刀口法测量光斑尺寸的优缺点、精度，有何改进方案等。

2.8.2 实验目的

(1) 了解光斑尺寸的重要性。

(2) 掌握刀口法测量光斑尺寸的原理。

(3) 运用刀口法测量氦氖激光器的光斑尺寸。

2.8.3 实验原理

作为激光光源的一个重要参数，光斑尺寸对光束质量因子和晶体热效应都有很大的影响，因此实际应用中常常需要定量给出光斑尺寸。目前测量光斑尺寸的方法有很多种，如针孔法、Talbot 效应法、刀口法等。相对于针孔法等其他测量方法，刀口法操作简单，一般实验室都能实现，是测量光斑尺寸的实用方法。刀口法采用的是总透射量的测量方法，采用刃口平直的刀口，其透过率函数为阶跃函数，在光电接收元件尽可能靠近刀口减小衍射量时，精确地测量微米级光斑尺寸是可行的。刀口法测量激光光斑尺寸的装置如图 2-18 所示，刀口法的刀片被固定在导轨上，主要目的是使其可沿与光束传播垂直的方向切割光束。刀口垂直切割光束的原理如图 2-19 所示，当刀口相对于光斑中心坐标为 $-x$ 时，由于刀口遮挡部分激光，则透过的激光功率占总输出功率百分比为 $P\%$（设 $P\% > 50\%$）；当刀口移动到对称的位置 x 时，透过的激光功率

百分比为 $1-P\%$，测量出对应 $P\%$ 和 $1-P\%$ 的位置 x。根据理论分析，该光斑半径 ω 和 x 的比值 $A=\omega/x$ 是确定的。其工作原理理论分析如下：

在与基模高斯光束传播方向垂直的横截面上，光强分布可表示为：

$$I(x,\ y)=\frac{2P_0}{\omega^2\pi}\exp\left[-\frac{2x^2+2y^2}{\omega^2}\right]=I_0\exp\left[-\frac{2x^2+2y^2}{\omega^2}\right] \tag{2.4}$$

其中，ω 是基模高斯光束光斑半径；I_0 是光斑中心光强；P_0 是激光总输出功率，$P_0=\int_{-\infty}^{\infty}\int_{-\infty}^{\infty}I_0\exp\left[-\frac{2x^2+2y^2}{\omega^2}\right]\mathrm{d}x\mathrm{d}y$，$x$ 是刀口相对于光斑中心坐标的距离。一般来说，光斑尺寸远小于刀口沿着 y 轴方向的宽度，因此当刀口位于 $-x$ 位置时，透过刀口边缘的激光功率可表示为：

$$P(x)=\int_{-\infty}^{\infty}\int_{-x}^{\infty}I_0\exp\left[-\frac{2x^2+2y^2}{\omega^2}\right]\mathrm{d}x\mathrm{d}y \tag{2.5}$$

其占总输出功率百分比为：

$$P\%=\frac{P(x)}{P_0}=\frac{\int_{-\infty}^{\infty}\int_{-x}^{\infty}\exp\left[\left(-\frac{2x^2}{\omega^2}\right)\left(-\frac{2y^2}{\omega^2}\right)\right]\mathrm{d}x\mathrm{d}y}{\int_{-\infty}^{\infty}\int_{-\infty}^{\infty}\exp\left[\left(-\frac{2x^2}{\omega^2}\right)\left(-\frac{2y^2}{\omega^2}\right)\right]\mathrm{d}x\mathrm{d}y} \tag{2.6}$$

当刀口从 $-x$ 移动到 x 位置时，透过的激光功率百分比为：

$$1-P\%=\frac{\int_{-\infty}^{\infty}\int_{x}^{\infty}\exp\left[\left(-\frac{2x^2}{\omega^2}\right)\left(-\frac{2y^2}{\omega^2}\right)\right]\mathrm{d}x\mathrm{d}y}{\int_{-\infty}^{\infty}\int_{-\infty}^{\infty}\exp\left[\left(-\frac{2x^2}{\omega^2}\right)\left(-\frac{2y^2}{\omega^2}\right)\right]\mathrm{d}x\mathrm{d}y} \tag{2.7}$$

由式（2.6）和（2.7）可求出光斑半径 ω 和 x 的比值 $A=\omega/x$；在实验中，我们可以通过求取 x，从而获得与刀口坐标 x 对应的光斑半径的大小。

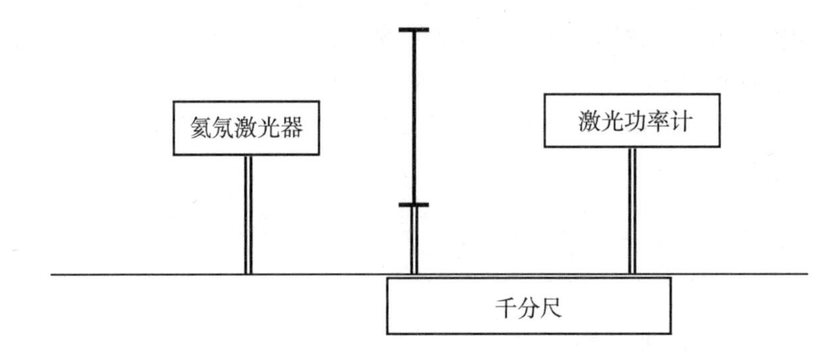

图 2-18　实验装置示意图

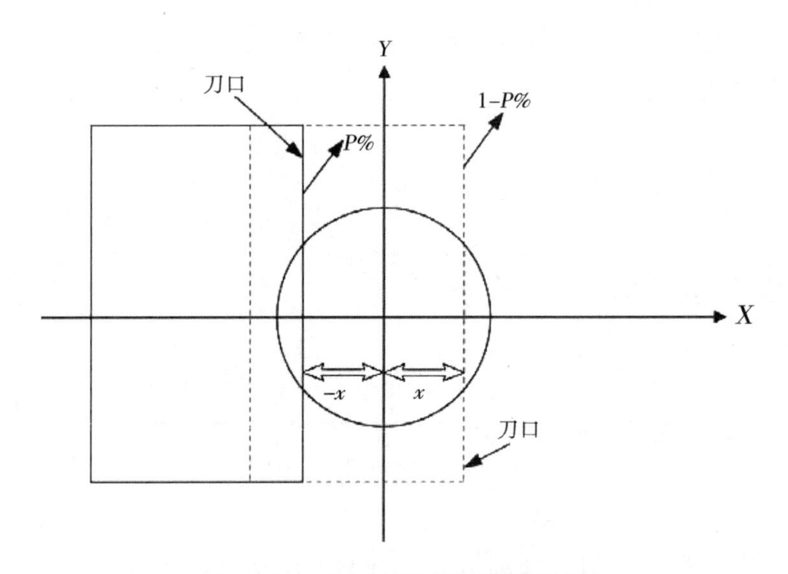

图 2-19　刀口垂直切割光束的原理图

2.8.4　实验器材

氦氖激光器；刀片（宽度大约为 20mm）；导轨；激光功率计（PMS Ⅱ-B）；千分尺等。

2.8.5　实验内容与步骤

我们通常用 90%/10% 刀口法，此时光斑半径 ω 与 x 的比值为 $A=1.56$。

（1）按照图 2-18 将氦氖激光器、刀片等固定在导轨上，调节等高共轴。

（2）去掉刀片，先测量激光的总输出功率，并记录好数值。

（3）装上刀片，移动刀片，此时刀片遮挡激光的面积会发生变化，在这个过程中观察激光功率计读数的变化，直到透过刀口边缘的激光功率占总输出功率百分比达到 90%。

（4）当刀口相对于光斑中心坐标为 $-x$ 时，读出千分尺上的数值，并记录在表 2-11 中。

（5）反向移动刀片，当刀口移动到与 $-x$ 位置对称的 x 位置时，此时透过刀口边缘激光功率百分比为 $1-P(x)$。

（6）由上面测量得到的 x 乘以比值 $A=1.56$ 就可以得到光斑半径。

（7）重复步骤（3）~（6）三次，分析误差。

表 2-11

次数	激光总输出功率	$-x$	x	ω
1				
2				
3				
平均值				

2.8.6　思考题

（1）$P\%$ 能不能取其他值？

（2）如果 $P\%<50\%$，上述公式是否还成立？

（3）确定 x 的位置时，是否存在误差？

（4）测量中的误差是由哪些原因导致的？

（5）列举其他测量光斑尺寸的方法，比较它们的优缺点。

第3章　信息光学实验

3.1　干涉实验

3.1.1　预习

（1）查阅相关书籍，学习什么是干涉、干涉产生的条件以及现象。

（2）了解最常用的产生干涉的方法。

（3）仔细阅读实验报告，了解迈克尔逊干涉实验和马赫—曾德干涉实验的原理，思考实验条件的变化所导致的不同实验现象。

3.1.2　实验目的

（1）熟悉迈克尔逊干涉实验与马赫—曾德干涉实验光路的搭建与调节，掌握信息光学实验光路调整的基本技术。

（2）观察双光束干涉现象，理解双光束干涉的基本原理。

（3）通过观察防震台稳定性对干涉条纹的影响，学会利用迈克尔逊干涉实验与马赫—曾德干涉实验来检查防震台的防震性能。

（4）了解相干长度的概念并测量记录其大小。

3.1.3　实验原理

一、迈克尔逊干涉实验原理

迈克尔逊干涉仪是使用分振幅法产生双光束干涉现象的仪器，如图3－1所示，它主要由一块分束镜和三块全反射镜组成。由图3－1可以清楚地看出，从氦氖激光器发出的激光束经过全反射镜反射折转后，以45°入射到分束镜上。分束镜的透反比为1∶1。此时，激光束分成两支光强相等的光束：光束Ⅰ与光束Ⅱ。由分束镜反射的光束Ⅰ经过全反射镜反射后返回，再经过透射和扩束镜扩束形成球面波；而分束镜的透射光束Ⅱ经过全反射镜反射，以及再经过反射和扩束镜扩束形成球面波。出射的两束光束会聚在一起，因其两束球面波满足相干条件，故两者在其重叠区发生干涉现象。加入透镜后，干涉条纹投影到白屏上；沿着光轴方向平移全反射镜，可以调节两支光路的光程差，以获得最佳的条纹对比度；如果平移全反射镜或使其垂直台面的轴水平旋转从而改变两束光的夹角时，干涉条纹的密度会发生变化。由于实验中使用的全息干涉系统是由单个光学元件组合而成的，如果实验者按照预先设计好的光路在防震台上自行摆放光学元件，很难保证全反射镜与全反射镜绝对垂直，所以双光束在白屏上的干涉花样很少是以某点为圆心的同心圆环，大多数情况下，干涉现象都是略微弯曲的明暗相间的条纹。干涉条纹对外界的变化甚是敏感，假如敲击防震台，或者在仪器附近随意地跑动，或者对任一支光路哈气，都会观察到干涉条纹明显的变化。由于入射的激光束是未经扩束的激光细光束，得到的干涉条纹是等厚条纹。条纹间距是一组平行、等距的直条纹。

迈克尔逊干涉实验光路如图 3－1 所示。

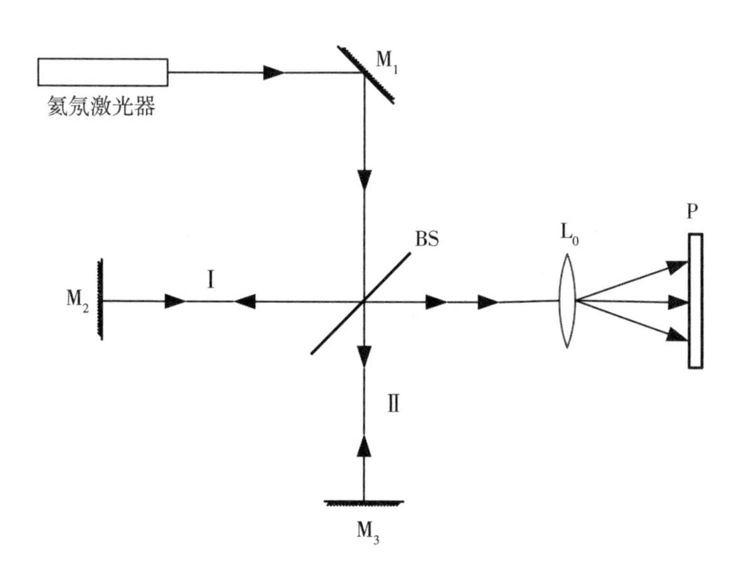

图 3－1　迈克尔逊干涉实验光路

二、马赫—曾德干涉实验原理

马赫—曾德干涉仪也是一种采用分振幅法产生双光束干涉现象的仪器，如图 3－2 所示，它主要由两块分束镜和两块全反射镜组成。这四块镜子的反射面互相平行，且中心光路构成一个平行四边形。扩束镜和准直透镜共焦后产生平行光（为了提高平行光的质量，实验时还可以在扩束镜和准直透镜的公共焦点处加上针孔滤波器，并在适当的位置加上光栅）。从氦氖激光器发出的激光束经过全反射镜反射折转后，再经过扩束镜、针孔滤波器、光栅以及准直透镜后变成平行的光束投射到分束镜上的前表面，将平行光束分成两束光：光束Ⅰ与光束Ⅱ。光束Ⅰ经过全反射镜反射到分束镜上，同时光束Ⅱ也经过全反射镜反射到分束镜上，两束光相遇后发生干涉现象，最终在白屏上可以得到干涉条纹。一般在使用时，首先让其中一块分束镜稍微倾斜，使其视场内出现为数不多的直条纹，然后在其中任一支光路中插入被测介质，最后根据干涉条纹的变化来判断其光学性质。此时可以看到，干涉条纹为等距直条纹，如果将记录介质（全息干板）放在干涉场中，经曝光暗室处理后就能得到全息光栅。此实验情况与迈克尔逊干涉实验情况一致，当改变两束光的夹角时，干涉条纹的间距会发生变化；如果改变任一光路的光程，条纹对比度会随之而变；如果人为制造一些震动，干涉花样的清晰度将不能很好地保持。

马赫—曾德干涉实验光路如图 3－2 所示：

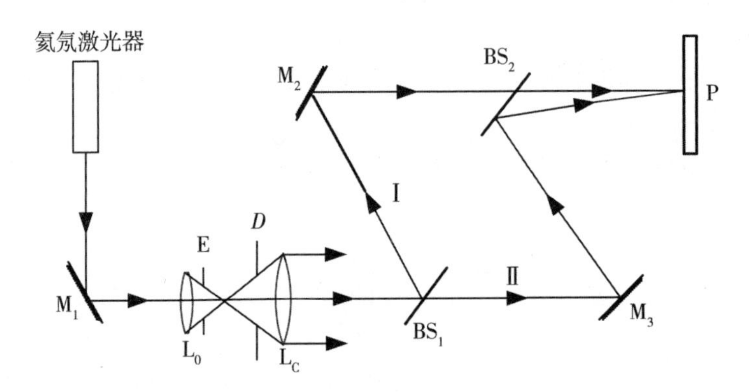

图 3－2　马赫—曾德干涉实验光路

三、干涉条纹的反衬度和相干长度

干涉条纹的反衬度定义为：

$$\gamma=\frac{I_{max}-I_{min}}{I_{max}+I_{min}} \tag{3.1}$$

当光源不是单色光时，干涉条纹的反衬度与光程差有关。

氦氖激光器的单色性虽然相当好，但是还有一定的波长分布。例如，多纵模的氦氖激光器的中心波长为 λ_0，定义其相干长度为：

$$L_{max}=\frac{\lambda_0^2}{\Delta\lambda}\approx 25\text{cm} \tag{3.2}$$

理论证明，当光程差很小时，干涉条纹对比度（反衬度）很大；当光程差增大时，干涉条纹对比度（反衬度）会降低；如果光程差接近于零，反衬度就会比较弱；如果光程差远远大于零，可能完全看不到干涉条纹。

3.1.4　实验器材

氦氖激光器；全反射镜；分束镜；扩束镜；准直透镜；针孔滤波器；光栅；白屏；孔屏；尺；干板架；迈克尔逊干涉仪；马赫—曾德干涉仪等。

3.1.5　实验内容与步骤

一、迈克尔逊干涉实验

(1) 利用激光功率计测量氦氖激光器的输出功率。对于外腔式或半腔式激光器，要调节输出窗的两个旋钮，使得激光器的输出功率最大。不要同时调节两个旋钮。

（2）打开激光器，调节激光器的输出光束使其与工作台面平行，用自准直法调节各光学表面使其与激光束的主光线垂直。

（3）按照图 3－1 依次放入光学元件。

（4）按照实验光路图，首先应尽量保证全反射镜与全反射镜互相垂直；干涉光束Ⅰ与光束Ⅱ的两臂的光程差为零。刚开始调整这些部件时，不放扩束镜，可以在白屏上找到反射回来的多个光点。在这些光点中选出强度接近的两个光点，微调使得这两个光点基本重合，然后在相干区放入扩束镜，此时，两束光出射后合并为一束光到达白屏上。

（5）把白屏放在两波重叠的波场中，可以接收到干涉条纹。

（6）观察白屏上的干涉条纹及其变化情况。

①实验者可以通过微调全反射镜的旋钮来改变两束光的夹角，这样可以在白屏上观察到干涉条纹间距的变化情况。如果微调全反射镜使两束光沿水平方向稍微分开，则干涉条纹间距由大变小。

②测量并记录氦氖激光器相干长度的大小。通过改变任一光束中一臂的长度，观察干涉条纹对比度的变化情况，直到干涉条纹消失，此时臂长的改变量为氦氖激光器的实际相干长度。

③用工具轻轻敲击一下防震台面，或者触摸一下台面上的光学元件底座，观察干涉条纹的变化情况，是由清楚变模糊，还是由模糊变清楚，并且测定条纹清晰度恢复所需要的时间，借此了解防震台的防震性能。

④实验者在防震台周围走动、跳跃，或者在迈克尔逊干涉仪光路用嘴哈气扰动空气，观察干涉条纹的变化情况，并且测定条纹清晰度恢复所需要的时间。

⑤观察在没有外界干扰情况下条纹的漂移情况。一般来说，5min 以上漂移一条条纹才是比较理想的。

二、马赫—曾德干涉实验

（1）利用激光功率计测量氦氖激光器的输出功率。对于外腔式或半腔式激光器，要调节输出窗的两个旋钮，使得激光器的输出功率最大。不要同时调节两个旋钮。

（2）打开激光器，调节激光器的输出光束使其与工作台面平行，用自准直法调节各光学表面使其与激光束的主光线垂直。

（3）按照图 3－2 依次放入光学元件。其中全反射镜用于折转激光细光束，其孔径可以较小。全反射镜和分束镜在宽光束中工作，其孔径至少大于准直透镜孔径的两倍。

（4）调平行光：在 M_1 后面适当位置放入准直透镜，微调光轴方向的旋钮，使激光束垂直入射到光心上，实现共轴调整。此时可在 L_0 前后看到一系列光点和激光束主光线在同一条直线上，无一光点偏离。在 M_1 和 L_C 之间放入扩束镜，使 L_0 与 L_C 之间的距离大约为 L_0 与 L_C 的焦距之和，在 L_C 之后放入一白屏，微调使得扩束后在白屏上得到一均匀的高斯斑并且使其与光轴共轴。沿光轴方向微调，改变 L_0 与 L_C 之间的距离，使得扩束准直后的光斑直径在较长距离不发生变化，即得到平行光。

（5）按照实验光路图依次放入分束镜和全反射镜，使其中心光线构成一个平行四边形。每放置一个光学元件，都要用白屏检查出射光束的高度是否与光具座的中心高度一致。若不一致，则应调节光具座的俯仰微调旋钮，仔细调节各个底座，使两支细光束会聚于出射面，并投射到白屏上。

（6）反复调节分束镜或者全反射镜，使白屏上的两个光斑很好地重合，此时可以在白屏上观察到干涉条纹。微调分束镜或者全反射镜，可以改变条纹的宽度和方向。

（7）观察白屏上的干涉条纹及其变化情况。

①实验者可以通过微调全反射镜的旋钮来改变两束光的夹角，这样可以在白屏上观察到干涉条纹的间距的变化情况。如果微调全反射镜使两束光沿水平方向稍微分开，则干涉条纹间距由大变小。

②测量并记录氦氖激光器相干长度的大小。通过改变任一光束中一臂的长度，观察干涉条纹对比度的变化情况，直到干涉条纹消失，此时臂长的改变量为氦氖激光器的实际相干长度。

③用工具轻轻敲击一下防震台面，或者触摸一下台面上的光学元件底座，观察干涉条纹的变化情况，是由清楚变模糊，还是由模糊变清楚，并且测定条纹清晰度恢复所需要的时间，借此了解防震台的防震性能。

④实验者在防震台周围走动、跳跃，或者在马赫—曾德干涉仪光路用嘴哈气扰动空气，观察干涉条纹发生的变化情况，并且测定条纹清晰度恢复所需要的时间。

⑤观察在没有外界干扰情况下条纹的漂移情况。一般来说，5min 以上漂移一条条纹才是比较理想的。

3.1.6 思考题

（1）指出迈克尔逊干涉实验与马赫—曾德干涉实验的异同点以及各自的特点。

（2）在调节两个干涉实验光路的过程中，光学元件的调节有什么顺序？

（3）为什么在做信息光学实验时，严禁在防震台附近走动、触摸防震台以及台面上的元件、大声说话或者对光路哈气？

（4）什么叫相干长度？它和激光器的时间相干性有什么关系？如何决定它的大小？

3.2 泰伯效应的观察与应用

3.2.1 预习

（1）自行查阅文献、论文等资料，了解什么是泰伯效应、目前主要应用的方向。

（2）了解泰伯效应的原理。

（3）思考实验有无不足，有没有好的改进方法。

3.2.2 实验目的

（1）掌握泰伯效应的原理，并观察泰伯效应。

（2）用莫尔条纹观察泰伯效应。

（3）用泰伯效应观察弱相位物体的相位分布，了解泰伯效应潜在的应用。

3.2.3　实验原理

要想得到一个物体的光学像，通常需要使用光学系统，将其发出的或散射的光聚集在像面上，使物体再现。但是在相干光场中周期性物体可以自成像，我们把这种成像也称作无透镜自成像或者傅里叶成像。早在 1836 年 Talbot 就发现了这一现象，当用相干光照明光栅时，在光栅后面特定的距离上能够形成光栅的像，这一现象称为泰伯效应。

如图 3－3 所示，如果在准直透镜后面的准直光束中竖直插入一个光栅，则在光栅后面特定的距离上将形成严格的光栅像，这就是泰伯效应。

泰伯效应实验光路如图 3－3 所示：

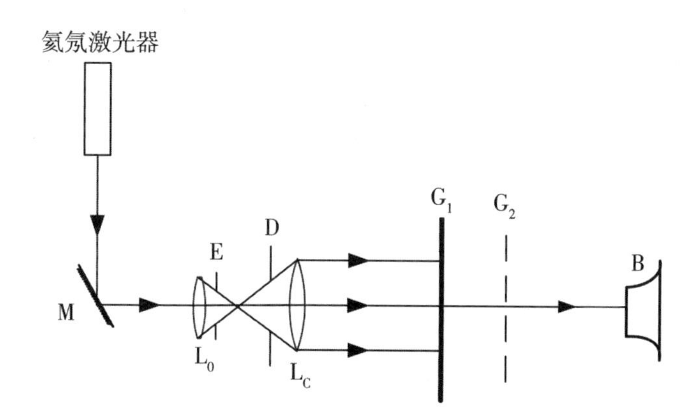

图 3－3　泰伯效应实验光路

1881 年瑞利首先对泰伯效应进行了理论解释，并推导了准直单色光栅自成像的距离公式。

设一个周期光栅的透射系数是一个矩形波函数，其傅里叶级数展开式为：

$$\tau(x)=\tau_0+\sum_{m=1}^{\infty}\tau_m\cos 2\pi m\xi x \tag{3.3}$$

式中，τ_0 为光栅的基频，它等于光栅常数的倒数。

若用振幅为单色平面光波垂直照射光栅，沿正方向传播的平面波表达式为：

$$A(x,\ y,\ z)=A(x,\ y,\ 0)\exp[jkz(1-\lambda^2\xi^2-\lambda^2\eta^2)^{\frac{1}{2}}] \tag{3.4}$$

则光波透过光栅在光栅后表面上光场复振幅分布，用其频谱（傅里叶级数展开）表示为：

$$A(x,\ y,\ 0_+)=A_0\tau(x)=A_0\tau_0+A_0\sum_{m=1}^{\infty}\tau_m\cos 2\pi m\xi x$$
$$=A_0\tau_0+\frac{1}{2}A_0\sum_{m=1}^{\infty}\tau_m[\exp(j2\pi\xi_m x)+\exp(-j2\pi\xi_m x)] \tag{3.5}$$

式（3.5）表示光波刚好通过光栅时的情况。第一项是直射光或零级衍射光，方括号中的第一项是正衍射级即正频项，第二项是负衍射级即负频项。m 表示衍射级次，ξ_m 是第 m 级衍射光在光栅方向的空间频率。用 θ_m 表示第一级衍射光的角度，即光栅方程

$$d\sin\theta_m=m\lambda \tag{3.6}$$

可改写为：

$$\sin\theta_m=\xi_m\lambda \tag{3.7}$$

由此可知，各级衍射光的存在与光栅本身含有的频谱成分有关。

由式（3.4）、(3.5）可知，在光栅后垂直于光轴沿正方向传播的任一平面上的光场分布为：

$$A(x,\ y,\ z)=A(x,\ y,\ 0)\exp[jkz\sqrt{1-\lambda^2\xi_m^2}]$$
$$=A_0\tau_0\exp(jkz)+A_0\sum_{m=1}^{\infty}\tau_m\cos 2\pi\xi_m x\cdot\exp[jkz\sqrt{1-\lambda^2\xi_m^2}] \tag{3.8}$$

或者写成：

$$A(x,\ y,\ z)=A_0\exp(jkz)\{\tau_0+\sum_{m=1}^{\infty}\tau_m\cos 2\pi\xi_m x\cdot\exp[jkz(\sqrt{1-\lambda^2\xi_m^2}-1)]\} \tag{3.9}$$

由式（3.9）可知，当光栅的空间频率较小时，满足 $\lambda^2\xi_m^2\leqslant 1$。方括号中的相位项是虚数，衍射波是传播的。此时相位项可用二项式定理展开，取一级近似有

$$\varphi_m = kz(\sqrt{1-\lambda^2\xi_m^2}-1) = -\pi\lambda\xi_m^2 z \tag{3.10}$$

令 $\varphi_1=-\pi\lambda\xi^2 z=-2n\pi$，其中 $n=1,\ 2,\ 3,\ \cdots$由于 $\xi_m=m\xi$，故有 $\varphi_m=-2nm^2\pi$，则可以求出 $\exp[jkz(\sqrt{1-\lambda^2\xi_m^2}-1)]=1$。当式（3.9）变为：

$$A(x,\ y,\ z)=A_0\exp(jkz)[\tau_0+\sum_{m=1}^{\infty}\tau_m\cos 2\pi\xi_m x] \tag{3.11}$$

比较式（3.11）与式`（3.3）可知，式（3.11）只多了一个相位因子。当考察光强分布时，相位因子将会消失，即

$$I(x, y, z) = AA^* = A_0^2[\tau_0 + \sum_{m=1}^{\infty}\tau_m \cos 2\pi\xi_m x]^2 \tag{3.12}$$

可见，当 $z = \frac{2d^2}{\lambda}, \frac{4d^2}{\lambda}, \cdots, \frac{2nd^2}{\lambda}$时，即 n 取正整数，距离光栅整数倍处，将重现清晰的光栅像，称为傅里叶像。故相干光场中光栅自成像的距离公式为：

$$z_n = \frac{2nd^2}{\lambda}\ （其中\ n=1,\ 2,\ \cdots） \tag{3.13}$$

当 $n=1$ 时，所对应的距离称为泰伯距离，即

$$z_T = z_1 = \frac{2d^2}{\lambda} \tag{3.14}$$

无透镜成像避免了透镜系统带来的像差，自成像的分辨率是相当高的。在这位置之间，还可以观察到许多像，这些像称为菲涅耳像，但它们并不是真正的光栅像。如果用周期性的物体来代替光栅，上述现象和结论依然成立。对于非周期物体或者周期物体的非周期瑕疵病，则完全不成像。

3.2.4　实验器材

氦氖激光器；M：全反射镜；L_0：扩束镜；L_C：准直透镜；G_1：同频率光栅（对/nm）；G_2：光栅；D、E：针孔滤波器；B：读数显微镜；孔屏；白屏；干板架；毛玻璃屏等。

3.2.5　实验内容与步骤

（1）打开氦氖激光器，调节激光器的输出光束使其与工作台面平行，用自准直法调节各光学表面使其与激光束的主光线垂直。

（2）按照图3-3依次放入光学元件，沿光轴方向调整各光学元件与激光器的距离，实现两者共焦，以便出射平行光。

（3）观察泰伯效应。

选用两块空间频率相同的光栅。按式（3.14）计算泰伯距离。

将光栅竖直放入准直激光束中，光栅面与光轴垂直，光栅的刻划线方向垂直于光轴。在距离光栅为泰伯距离的地方，放入读数显微镜，可以观察到严格的光栅像。调节读数显微镜和光栅的距离可以观察到一系列像，并得出以下规律：

①当 $z = z_n = nz_T$，即等于泰伯距离的整数倍时，观察到的严格光栅像和在泰伯距离

上观察到的像一致，称为泰伯效应傅里叶像。

②当 $z=(2n+1)z_T/4$ 时，可以观察到倍频菲涅耳像。

③当 $z=(2n+1)z_T/2$ 时，可以观察到反相傅里叶像。

④在介于上述典型位置之间的其他距离上，观察到的是普通菲涅耳像，它们与光栅的周期结构不再有明显的形象联系。

（4）用莫尔条纹观察泰伯效应。

在光栅后面放入相同空间频率的光栅，置于可调方向的干板架上的光栅面与光轴垂直。移动光栅的位置，使得两光栅的距离等于泰伯距离或者泰伯距离的整数倍。这时将光栅与傅里叶像重合。然后绕光轴稍微旋转光栅，且光栅与光栅条纹间有一个很小的夹角，使得光栅与傅里叶像形成莫尔条纹。微微扰动可调方向的干板架，改变光栅条纹间的夹角，就可以改变莫尔条纹的空间频率，在屏上可以清晰地观察到莫尔条纹及其变化情况。将此莫尔条纹与重叠形成的莫尔条纹作对比，效果完全相同，从而证实了泰伯效应傅里叶像是严格的光栅像。能在泰伯距离上与傅里叶像形成莫尔条纹这一点也有效地证明了泰伯效应。

（5）用泰伯干涉仪检测弱相位物体的相位分布。

调整 G_1 与 G_2 之间的距离，使白屏上出现清晰的莫尔条纹，为了使莫尔条纹更加容易分辨，在 G_2 后面放置一块毛玻璃屏。沿光轴移动毛玻璃屏，使其上的莫尔条纹清晰分明，这就构成了泰伯干涉仪，如图 3－4 所示。将弱相位物体（如火焰、玻璃板等）放置在光栅与光栅之间，这时候在屏上可清楚地观察到弱相位物体对莫尔条纹的调制情况。由于弱相位物体对衍射光相位调制的结果，屏上莫尔条纹的宽度、方向和分布都有了相应的变化，由此可以检验弱相位物体的相位分布。在屏上放置全息干板记录实验结果。

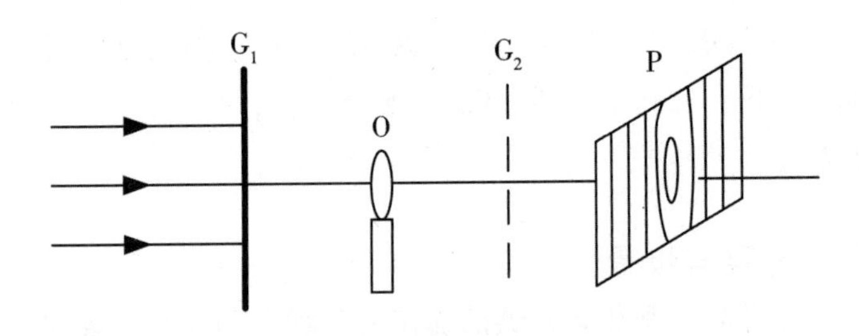

图 3－4　泰伯干涉仪

3.2.6　思考题

（1）由泰伯效应形成的自成像有何特点？它与几个光学像有什么不同？

（2）试拟订一个利用泰伯效应检测光束准直性的实验方案，并简述其工作原理。

（3）现有一块常数 $d=10\mu m$ 的光栅，能否利用泰伯效应分别制作出 $d=10\mu m$、$d=5\mu m$ 的光栅，并说明其方案与原理。

3.3　傅里叶频谱的观察与分析

3.3.1　预习

（1）仔细阅读实验报告，了解什么是傅里叶频谱。

（2）了解傅里叶频谱分析的原理，思考当光栅疏密程度发生变化时，相应的频谱面会有什么变化。

3.3.2　实验目的

（1）观察各种光栅和图片的傅里叶频谱，理解空间频谱的概念。

（2）根据观察到的频谱判断输入图像的基本特征，理解物分布与其频谱函数之间的对应关系，进而掌握频谱分析的基本原理、方法以及各种潜在的应用。

（3）巩固对透镜傅里叶变换性质的认识，加深对空间频率这一重要概念的把握。

3.3.3　实验原理

设有一空间的二维函数，则其空间频谱就是二维函数的傅里叶变换，即

$$G(\xi,\eta)=F[g(x,y)]=\int_{-\infty}^{+\infty}\int_{-\infty}^{+\infty}g(x,y)\exp[-j2\pi(\xi x+\eta y)]\mathrm{d}x\mathrm{d}y \quad (3.15)$$

而空域二维函数则为频谱函数的傅里叶逆变换，即

$$g(x,y)=F^{-1}[G(\xi,\eta)]=\int_{-\infty}^{+\infty}\int_{-\infty}^{+\infty}G(\xi,\eta)\exp[j2\pi(\xi x+\eta y)]\mathrm{d}\xi\mathrm{d}\eta \quad (3.16)$$

傅里叶频谱实验光路如图 3－5 所示：

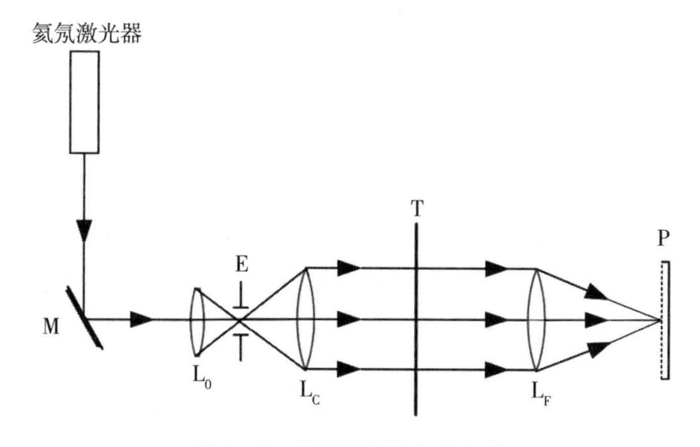

图 3－5　傅里叶频谱实验光路

采用光学方法可以很容易地获取二维函数图像 $g(x, y)$ 的空间频谱函数 $G(\xi, \eta)$。在图 3-5 所示的实验光路中，只要在傅里叶变换透镜 L_F 的前焦面 T 上放置一个透射系数为 $g(x, y)$ 的图像，并且用相干平行光束垂直照射图像。根据透镜的傅里叶变换性质，在透镜的后焦面上得到光复振幅分布将是 $g(x, y)$ 的傅里叶变换 $G(\xi, \eta)$，即空间频谱 $G(x/\lambda f, y/\lambda f)$。其中 λ 为光波波长，f 为傅里叶变换透镜的焦距，(x, y) 为后焦面上任意一点的位置坐标。显然，频谱面上任一点 (x, y) 对应的空间频率为：

$$\begin{cases} \xi = \dfrac{x}{\lambda f} \\ \eta = \dfrac{y}{\lambda f} \end{cases} \tag{3.17}$$

因此，在傅里叶变换透镜 L_F 的后焦面上放置毛玻璃屏，在其后通过放大镜观察频谱，或者在其后焦面上放置全息干板将频谱记录下来。如果实验条件允许，在后焦面上放置电视摄像机，并将其与电视显示器连接，就可以在荧光屏上观察到清晰的图像傅里叶频谱。如果图像很小，观察屏与图像之间相距甚远，则在近似满足夫琅禾费衍射的条件下，也可以不用透镜而直接在屏幕上得到图像的空间频谱 $G(x/\lambda z, y/\lambda z)$，其中 z 为屏幕与图像之间的距离。

由于频谱面上频谱函数 $G(\xi, \eta)$ 是物函数 $g(x, y)$ 的傅里叶变换，它的分布与物体包含的细节及其振幅分布有关，因而从实验中得到频谱函数 $G(\xi, \eta)$ 后，即可通过傅里叶逆变换求出图像的复振幅分布，即物函数 $g(x, y)$。据此可以对图像进行简单的分类，也可用于分析图像的结构。例如，在森林资源考察中，可以根据拍摄的图像频谱来判断哪些地区已经绿化，哪些地区目前还是荒地；甚至还可以判定某地区的森林是尖叶林，还是阔叶林。另外，在医学上，根据癌细胞的频谱与正常细胞的频谱差异，可以对癌细胞进行很好的诊断。

在分析傅里叶图像频谱时，我们采用的实验光路如图 3-6 所示。由氦氖激光器输出的激光束经过全反射镜 M 折转后，由扩束镜 L_0、针孔滤波器 E 以及准直透镜 L_C 变成平行宽光束垂直照射到输入图像 T 上，图像 T 位于傅里叶变换透镜 L_F 的前焦面上。根据透镜的傅里叶变换性质，在频谱面 F 上将得到该图像的频谱。然后，放大镜 L_T 将频谱放大成像在楔环探测器上。楔环探测器接收的光信号经过电子处理后输入计算机中，并利用计算机软件处理得到所需要的特征参量以供使用。

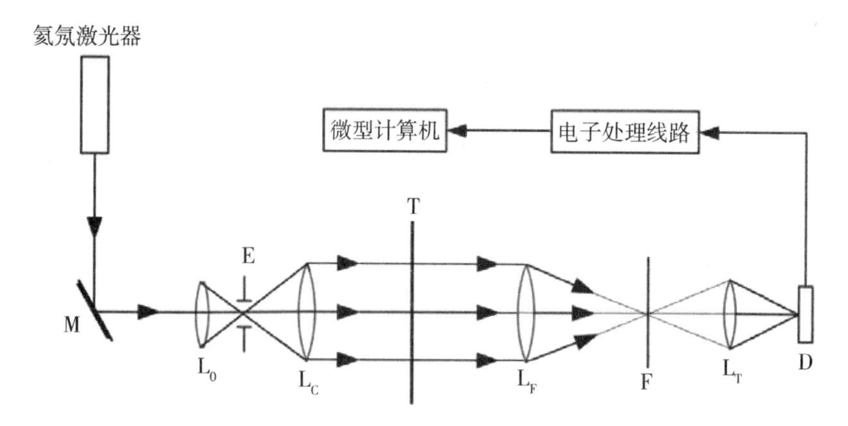

图 3－6　傅里叶频谱分析实验光路

3.3.4　实验器材

氦氖激光器；M：全反射镜；L_0：扩束镜；L_C：准直透镜；E：针孔滤波器；T：输入面；L_F：傅里叶变换透镜；L_T：放大镜；P：毛玻璃屏；F：频谱面；D：楔环探测器；孔屏；白屏；尺；干板架；各种负片；光栅等。

3.3.5　实验内容与步骤

（1）打开激光器，调节激光器的输出光束使其与工作台面平行，用自准直法调节各光学表面使其与激光束的主光线垂直。

（2）按照图 3－5 布置和调整光路。扩束镜 L_0 与准直透镜 L_C 共焦，使得 L_C 输出平行光束。在公共焦点上放置针孔滤波器 E，使光斑亮度均匀。在傅里叶变换透镜 L_F 的前焦面上放置用于装夹图片的架座，在 L_F 的后方光束会聚点处放置毛玻璃屏。

（3）在傅里叶变换透镜 L_F 后焦面输入图像 T 上分别放入各种图片和光栅，观察这些目标的频谱图样并作比较。在频谱面上放置全息干板或普通照相底片记录这些频谱图样。

（4）用一维龙基光栅作为物体目标，在频谱面上用读数显微镜分别测出 ±1 级谱和 ±2 级谱之间的距离，并计算其所对应的空间频率。

（5）将目标 T 沿光轴向放大镜 L_T 移动直至靠近，观察频谱的变化情况；另外，将目标 T 放在 L_T 和 P 之间的不同位置来观察频谱的变化情况。

（6）用激光细光束直接垂直照射在正交光栅，在远处屏幕上（数米远处）观察其傅里叶频谱。增大屏幕与光栅之间的距离，观察频谱尺寸的变化情况。

3.3.6　思考题

（1）利用激光细光束直接照射一个正旋光栅，光栅在自身平面内平移或者转动时，观察毛玻璃屏上频谱的变化情况。

（2）用平行光束垂直照射平行密接的两块正旋光栅，它们的频谱会是什么样的？如果两者正交密接，频谱又如何？

3.4 卷积定理的演示

3.4.1 预习

(1) 阅读教材，了解卷积的概念。

(2) 了解卷积过程分为哪些步骤。

3.4.2 实验目的

形象化地演示两个函数的卷积结果，巩固和加深对卷积概念和卷积定理的理解与认识。

3.4.3 实验原理

假设有两个二维图像函数 $g_1(x, y)$和 $g_2(x, y)$重叠放置于实验 3.3 中的傅里叶变换透镜 L_F 的前焦面上，用准直激光束照射，则在透镜 L_F 后焦面的毛玻璃屏 P 上将观察到其傅里叶频谱，该频谱满足二维卷积定理，即

$$F[g_1(x, y) \cdot g_2(x, y)] = G_1(\xi, \eta) * G_2(\xi, \eta) \tag{3.18}$$

其中，$G_1(\xi, \eta)$、$G_2(\xi, \eta)$分别是二维图像函数 $g_1(x, y)$与 $g_2(x, y)$的傅里叶频谱，即

$$G_1(\xi, \eta) = F[g_1(x, y)]$$
$$G_2(\xi, \eta) = F[g_2(x, y)]$$

同时，二维卷积定理还包括：

$$F[g_1(x, y) * g_2(x, y)] = G_1(\xi, \eta) \cdot G_2(\xi, \eta) \tag{3.19}$$

式（3.18）与式（3.19）就是卷积定理。它表明：两个函数的乘积的傅里叶变换，等于它们各自傅里叶变化的卷积；反之，两个函数的卷积的傅里叶变换，等于它们各自傅里叶变化的乘积。

用光学方法求两个函数图像的卷积时，可以先将卷积的两个函数的傅里叶逆变换制成透明片，设其透射系数分别是 $g_1(x, y)$和 $g_2(x, y)$，然后将这两张透明片放置于实验 3.3 中如图 3-5 所示的输入面 T 内，用单色光照射，透射光就是 $g_1(x, y)$与 $g_2(x, y)$的乘积，在频谱面上就得到原来两个函数的卷积，即 $G_1(\xi, \eta) \cdot G_2(\xi, \eta)$。

卷积是一个比较抽象的数学过程，卷积的运算过程也比较复杂，包括反转、平移、

相乘和积分四个步骤。如果先对求卷积的两个函数作逆变换，相乘以后再进行傅里叶变换就容易很多。为了鲜明形象地演示卷积定理，本实验采用光学方法求两个图形较为简单的输入图像，即采用两块空间频率不同的正交光栅作为目标。将两块正交光栅（如一块是 10 线对/mm 正交光栅，另一块是 200 线对/mm 正交光栅）重叠在一起，用激光细光束照射，在数米远处就可以看到它们频谱的乘积。我们可以清楚地看到：它们的频谱都是一些规则的二维点阵，空间频率高的正交光栅，其频谱分得开一些；空间频率低的正交光栅，其频谱分得不是那么开。两者卷积的结果并不是两个图像的几何叠加，而是一个图形分别加到另一个图形的每一个点上，这样就能生动地显示卷积的过程和几何意义。由于光栅的空间频率比较高，在如图 3－7 所示的实验光路中采用的是未经扩束的激光细光束垂直照明，在足够远的屏幕上可得到二维光栅的傅里叶频谱卷积图形。

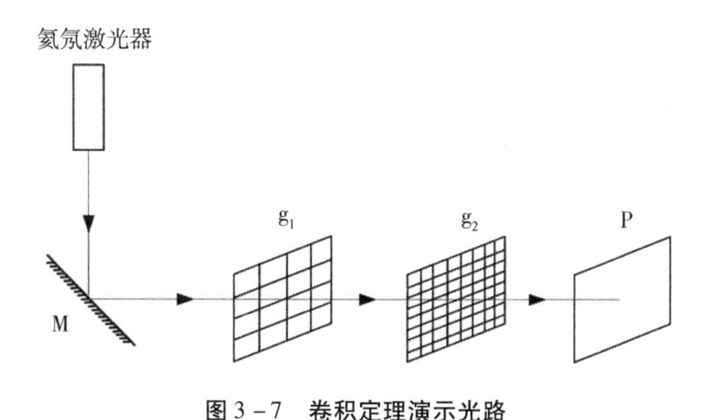

图 3－7　卷积定理演示光路

3.4.4　实验器材

氦氖激光器；M：全反射镜；g_1：10 线对/mm 正交光栅；g_2：200 线对/mm 正交光栅；P：毛玻璃屏等。

3.4.5　实验内容与步骤

（1）将一块 10 线对/mm 正交光栅 g_1 与另一块 200 线对/mm 正交光栅 g_2 分别单独放入实验光路图 3－7 中，观察比较它们的频谱 G_1 与 G_2。G_1 和 G_2 都是由光点组成的二维点阵，G_1 的光点比较集中，G_2 的光点分得比较开。

（2）将正交光栅 g_1 和 g_2 重叠在一起，用未经扩束的激光细光束垂直照明，在足够远的屏幕上观察卷积结果，并分别与每一块光栅的各自频谱 G_1 与 G_2 作比较，结果如图 3－8 所示。

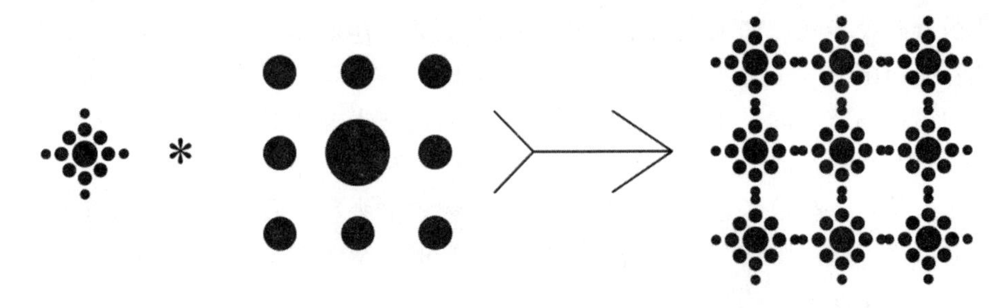

图3－8　卷积结果

（3）以照明激光束为轴线，旋转空间频率较低的光栅 g_1，观察卷积图形的变化情况。结果是：叠加在 G_2 图形每一个光点上的 G_1 图形，各自绕其中心旋转，类似地球的自转。试对此现象作出合理的解释。

（4）以照明激光束为轴线，旋转空间频率较高的光栅 g_2，观察卷积图形的变化情况。结果是：G_2 图形上除了零级以外的每一个光点都带领 G_1 绕零级旋转，而随之转动的 G_1 图形方位不变，类似太阳系的公转。试对此现象作出合理的解释。

（5）以照明激光束为轴线，同时旋转两块光栅 g_1 与 g_2，观察屏幕上图形的变化，并解释现象。

（6）将光栅 g_1 与 g_2 在垂直激光束的面内平移，观察屏幕上图形的变化，并解释现象。

3.4.6　思考题

（1）为什么在本实验中用激光细光束直接照射正交光栅，在远处屏上就能得到其频谱，而不需要傅里叶变换透镜进行变换？

（2）在图3－8中，$G_1 * G_2$ 的图形可以看成是反转后的 G_1 图形分别叠加到 G_2 图形的每一个点而得到，也可以理解成，$G_1 * G_2$ 的图形反转后的 G_2 图形分别叠加到 G_1 图形的每一个点而得到。这个结论显然成立，因为 g_1 与 g_2 交换位置仍然得到相同的结果。但是如何从几何意义上作出解释呢？

3.5　低频全息光栅的特性及制作技术

两束相干平行光成一定角度相交时，在两束光相交区域会形成干涉条纹，用全息干板将干涉条纹记录下来便是一块全息光栅。全息光栅是用全息照相的方法制作的一种分光元件。与普通方法制作的刻划光栅相比，全息光栅没有周期性误差，杂散光少，分辨率和衍射效率高，制作环境条件要求较低，因此全息光栅在光谱分析研究、光学精密测量和光波调制等方面都有着重要的应用。

本实验利用马赫—曾德干涉仪光路制作低频全息光栅，并且利用几何光学和物理光学方法测定全息光栅的光栅常数。

3.5.1　预习

（1）了解什么是全息光栅。

（2）查询资料了解全息光栅目前的应用情况。

（3）仔细阅读实验报告，了解全息光栅的制作原理。

3.5.2　实验目的

（1）了解用全息方法制作空间频率较低的全息光栅的基本原理。

（2）掌握全息光栅光路的基本调节方法和一维、二维低频全息光栅的制作方法与技巧。

（3）了解全息光栅的基本特性和测试方法，对制作好的低频全息光栅进行检测，总结全息光栅的特点，与普通刻划光栅进行比较。

（4）加深了解全息记录介质——卤化银乳胶的特性和干板的处理方法。

3.5.3　实验原理

一、制作全息光栅的光路

制作全息光栅的光路有许多种，本实验提供马赫—曾德干涉仪光路。如图 3 - 9 所示，它主要由两块分束镜 BS_1、BS_2 和两块全反射镜 M_1 以及 M_2 组成。这四块镜子的反射面互相平行，且中心光路构成一个平行四边形。扩束镜 L_0 和准直透镜 L_C 共焦以后产生平行光（为了提高平行光的质量，实验时还可以在扩束镜 L_0 和准直透镜 L_C 的公共焦点处加上针孔滤波器 E，并且在适当的位置加上光栅 D）。从氦氖激光器发出的激光束经过全反射镜 M_1 反射折转后，再经过扩束镜 L_0、针孔滤波器 E、光栅 D 以及准直透镜 L_C 后变成平行光束投射到分束镜 BS_1 上，BS_1 的前表面将平行光束分成两束光：光束 Ⅰ 与光束 Ⅱ。光束 Ⅱ 经过全反射镜 M_2 反射到达分束镜 BS_2 上，同时光束 Ⅰ 经过全反射镜 M_3 也到达分束镜 BS_2 上，两束光相遇后发生干涉现象。在 BS_2 后的白屏 P 上可以得到干涉条纹。如果条纹太细密可用读数显微镜观察。干涉条纹为等距直条纹，用记录介质放在干涉场中经过曝光、显影、定影等处理就可以得到低频全息光栅。

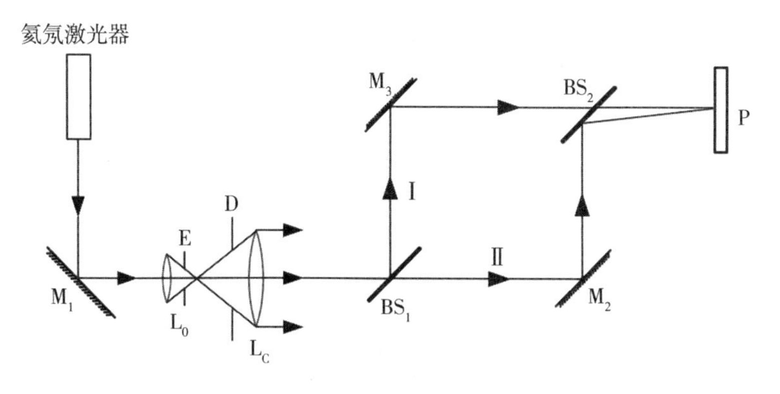

图 3 - 9　制作低频全息光栅的光路

二、低频全息光栅的制作原理

两列同频率的相干平面光波以一定的夹角相交时，在两束光重叠区域将产生干涉现象。如图 3-10 所示，设两束相干光为光束Ⅰ与光束Ⅱ，光波矢量平行于 xz 平面，且分别与 z 轴成 θ_1 与 θ_2，且 $\theta=\theta_1+\theta_2$ 为两束光的会聚角，则两光波在照相干板平面上的复振幅分布分别为：

$$E_1(x)=A_1\exp(jkx\sin\theta_1) \tag{3.20}$$

$$E_2(x)=A_2\exp(jkx\sin\theta_2) \tag{3.21}$$

故光束Ⅰ与光束Ⅱ的干涉光强为：

$$I(x,\ y)=A_1^2+A_2^2+2A_1A_2\cos[kx(\sin\theta_1+\sin\theta_2)] \tag{3.22}$$

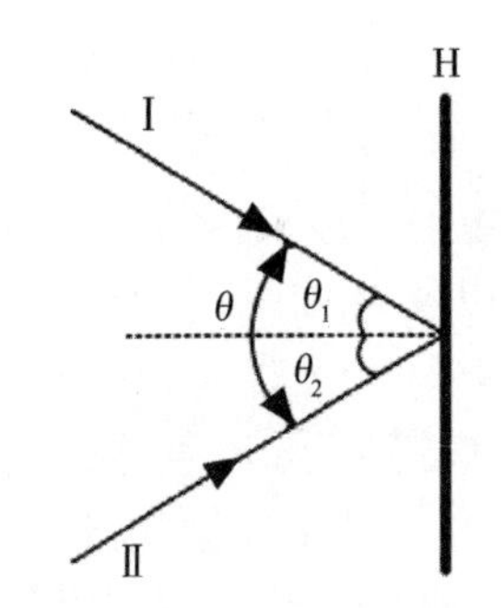

图 3-10 两束平行光相互干涉

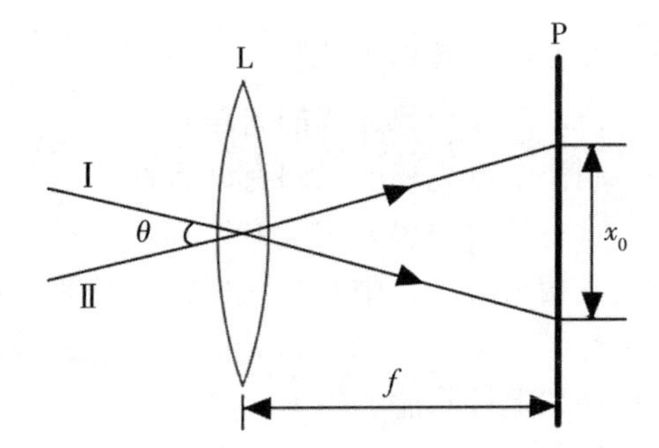

图 3-11 光束夹角的测量

干板经过曝光、冲洗后的复振幅透射系数正比于干涉光强，故全息图实际是一块余弦光栅。干板上产生等间距的明暗相间的直条纹，干涉条纹的间距由下式决定：

$$d=\frac{\lambda}{\sin\theta_1+\sin\theta_2}=\frac{\lambda}{2\sin\left[\frac{1}{2}(\theta_1+\theta_2)\right]\sin\left[\frac{1}{2}(\theta_1-\theta_2)\right]} \tag{3.23}$$

当光束Ⅰ与光束Ⅱ对称入射时，即 $\theta_1=\theta_2=\frac{\theta}{2}$，式（3.23）可改为：

$$d=\frac{\lambda}{2\sin\frac{\theta}{2}} \tag{3.24}$$

当 θ 很小时，

$$d \approx \frac{\lambda}{\theta} \tag{3.25}$$

令 ν 为干涉条纹的空间频率，则

$$\nu = \frac{1}{d} = \frac{2\sin\frac{\theta}{2}}{\lambda} \tag{3.26}$$

此时，假如 θ 很小，那么

$$\nu = \frac{\theta}{\lambda} \tag{3.27}$$

由此可见，改变会聚角 θ 可获得不同光栅常数的光栅，只要测出 θ，便可估算光栅的空间频率。具体办法：把透镜 L 放在光束 Ⅰ 与光束 Ⅱ 的重叠区域内，则两束光在透镜 L 的后焦面上会聚成两个亮点，如图 3 - 11 所示。若两个亮点的间距为 x_0，透镜的焦距为 f，则两束光的会聚角 θ 可表示为 $\theta = x_0/f$，故光栅的空间频率为：

$$\nu = \frac{x_0}{\lambda f} \tag{3.28}$$

三、低频全息光栅的特性

全息光栅的特性主要包括分辨率和衍射效率。

在光栅有效使用、宽度确定的情况下，光栅的分辨率主要取决于光栅的空间频率 ν，因而通常把光栅的空间频率（也称光栅的线密度）作为表征全息光栅分辨率特性的一个重要指标。

衍射效率具体指光栅分光的效率，定义为某一级衍射光能量与入射光总能量之比，数学表述为：

$$\eta = \frac{\text{衍射光能量}}{\text{入射光总能量}} = \frac{I_i}{I_0} \tag{3.29}$$

其中，I_i 表示全息光栅第 i 级衍射光能量。应用中通常关心的是光栅 +1 级衍射的能量，因此光栅的衍射效率一般特指其 +1 级衍射效率。衍射效率的测量方法：测量入射光功率 P_0，以及入射光以角 θ 入射到光栅上时其 +1 级衍射光的光功率 P_1，然后将两者相比，即

$$\eta = \frac{P_1}{P_0} \times 100\% \tag{3.30}$$

全息光栅的衍射效率比较低，余弦光栅的理论衍射效率最大只能达到33.9%，这也是全息光栅还不能完全代替刻划光栅的原因之一。

全息光栅与普通刻划光栅相比具有以下特点：

（1）杂散光少。杂散光是由偶然性误差引起的，因为全息光栅生产周期短，产生偶然性误差的概率小，所以全息光栅的信噪比高于普通刻划光栅。

（2）有效孔径大。全息光栅不仅能制作大面积光栅，而且由于它能消除像差，因此能制成相对孔径较大、集光能力较强的大相对孔径的凹面透镜。

（3）没有轨线。普通刻划光栅的轨线是由于光栅周期性误差或者不规则误差所造成的假谱线。全息光栅的周期与波长成正比，不存在周期性误差，因而没有轨线。

（4）分辨率高。全息光栅分辨率 $\lambda/\delta\lambda$ 等于光谱的级数 m 与光栅刻划线总数 N 的乘积，即 $\lambda/\delta\lambda=mN$，级次高的色散范围小，但可以通过增大光栅长度来增加刻划线总数 N，从而提高分辨率。

（5）生产效率高。全息光栅的生产过程是拍摄一张全息图和镀制反射膜，因此生产效率比普通刻划光栅高得多。

3.5.4 实验器材

氦氖激光器；M_1、M_2、M_3：全反射镜；L_0：扩束镜；L_C：准直透镜；BS_1、BS_2：50%分束镜；E：针孔滤波器；D：光栅；P：白屏；孔屏；尺；干板架；光开关；曝光定时器；读数显微镜；暗室设备一套（显影液；定影液；水盘；量杯；安全灯；流水冲洗设备）等。

3.5.5 实验内容与步骤

（1）打开激光器，调节激光器的输出光束使其与工作台面平行，用自准直法调节各光学表面使其与激光束的主光线垂直。

（2）按照图3－9依次加入光学元件，调节马赫—曾德干涉仪光路。

（3）在白屏P处放入透镜L，使其光轴与光束Ⅰ的光轴重合，此时透镜L的后焦面处的白屏上得到两个亮点。当马赫—曾德干涉仪光路调节好之后，两个亮点是重合在一起的，如果不重合，可以调节 M_2 使之重合。然后调节 BS_2 的旋钮，使得两个亮点沿水平方向拉开到两个亮点间的距离为所要求的 x_0 时为止。x_0 可用直尺或者读数显微镜测量。

（4）撤去透镜L，断开光开关，调节好曝光定时器的曝光时间，在干涉区域内放入全息干板，稳定1min后通过曝光定时器控制光开关进行曝光，曝光时间之内可视激光器功率等因素稳定。

（5）取出全息干板，用D19显影液和F5定影液处理。常规显影时间为5min，温度为20℃左右，水洗30s。常规定影处理时间为5min，温度为16℃～20℃，流水洗5～10min。

（6）将全息干板进行漂白处理。漂白是把振幅型全息图转变为相位型全息图，使衍射效率提高。可采用铁氰化钾漂白剂，用未稀释溶液漂白5min左右，变透明即可取出，在流水中冲洗5min，水洗后的全息干板采用自然晾干法，最好先浸入异丙醇溶液中，然后取出自然晾干。

（7）观察全息光栅的衍射花样。如图3－12所示，用激光细光束直接照射全息干板，在光栅后面的白屏上可观察到奇数个亮点。如果用白光源照射全息光栅，光栅能按波长大小把光分开，波长短的衍射角小。如果让光栅的衍射光通过透镜，则透镜的后焦面上可以得到按照波长大小排列的美丽单色线条，这就是光栅光谱。

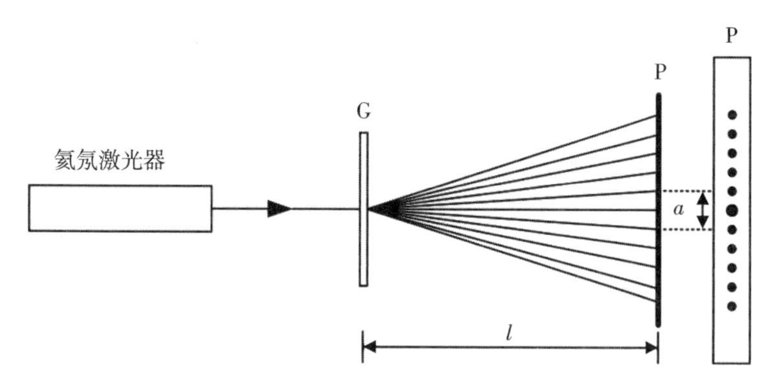

图3－12　观察全息光栅衍射花样

（8）全息光栅的检测。

①用显微镜观察全息光栅的槽纹的形状。

②计算全息光栅的实际空间频率。方法是将制作好的全息光栅放入细光束中，在白屏P上得到光栅衍射花样，如图3－12所示。由于光栅至白屏的距离远大于光栅的间距，故此衍射图样为夫琅禾费衍射的频谱。中央亮点为0级，0级两侧最近的一对亮点为±1级，依次类推分别还有±2级、±3级等。亮点很多表示光栅接近矩形，光栅G与白屏P之间的距离为l，频谱±1级两个亮点之间的距离为a，则该全息光栅的实际空间频率为：

$$\nu' = \frac{a}{2l\lambda} \tag{3.31}$$

将全息光栅的实际空间频率与设计要求的空间频率进行比较，两者应该一致。

③计算全息光栅的分辨率。

④计算全息光栅的衍射效率。

3.5.6　思考题

（1）为什么本实验允许用两束发散球面波代替平面波记录全息光栅？这种“代替”是无条件的还是有条件的？如果是后者，请说明该条件。

（2）如果全息干板相对于两束相干光不对称，会造成什么影响？若角度偏离量为

$\Delta\theta = 10°$，请计算结果的误差量。

（3）制作全息光栅的关键之处是什么？有哪些要特别注意的地方？结合实验谈谈你的体会。

3.6 全息透镜的制备及应用

全息透镜实验是全息术中的基础实验之一。全息透镜实际上就是一张点光源的全息图，它相当于一张菲涅耳波带片，具有类似透镜的会聚作用以及成像特性。全息透镜易于制成较大尺寸，造价低，制作方法简单，易于复制，重量轻，因此在某些场合具有独特的用途。特别在像差校正、信息处理、激光扫描等应用中更是不可缺少的。

与制作全息光栅的方法相似，全息透镜也是利用两束相干光在叠加区域产生干涉，形成干涉条纹，记录这些干涉条纹就得到全息透镜。不同的是，制作全息光栅采用的是两束平面波的叠加，而制作全息透镜一般是记录平面波与球面波的干涉叠加条纹。此外，记录全息透镜的材料最好用重铬酸盐明胶或光致聚合物，但是这些材料不易获得，故一般使用银盐全息干板。

3.6.1 预习

（1）自行查阅相关书籍、论文等资料，了解什么是全息透镜。

（2）预习实验报告，了解全息透镜的原理。

（3）阅读实验报告，了解干涉光路图，并且推敲其搭建技巧。

3.6.2 实验目的

（1）掌握同轴全息透镜与离轴全息透镜的制作原理与方法。

（2）了解全息透镜的结构特点、成像特性及其应用，并与普通透镜作比较。

（3）制作一个同轴全息透镜与一个离轴全息透镜，并观察它们的成像特性。

3.6.3 实验原理

全息透镜实验光路如图 3－13 所示：

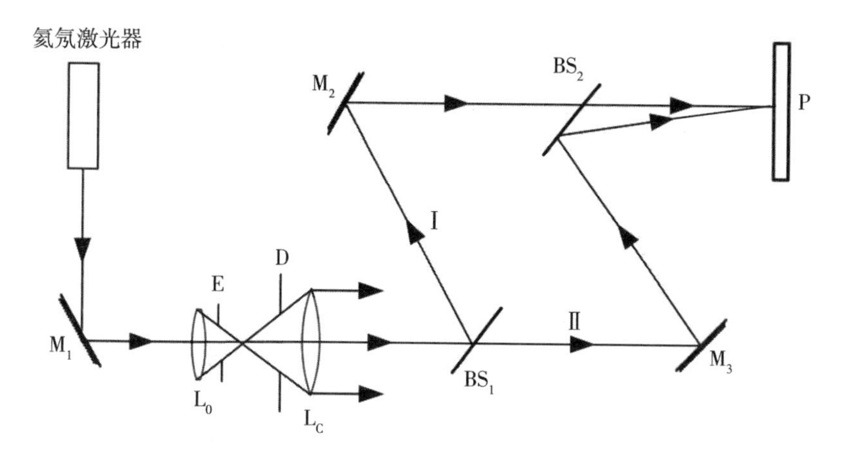

图 3-13　全息透镜实验光路

全息透镜实际上就是一幅球面波基元全息图。全息透镜可用一束平面波和一束球面波的干涉来记录。全息透镜包括同轴全息透镜和离轴全息透镜。当平面波与球面波的光轴重合时，全息记录材料记录的是一组包括圆心在内的同心条纹，这种全息透镜称为同轴全息透镜；当平面波与球面波的光轴有一定夹角时，全息记录材料记录的是远离圆心的同心条纹的一部分，这种全息透镜称为离轴全息透镜。一个物点的全息图就是一个全息透镜，当物点与参考点源的连线通过全息图中心时，得到的全息图就是同轴全息透镜，如图 3-14 所示。

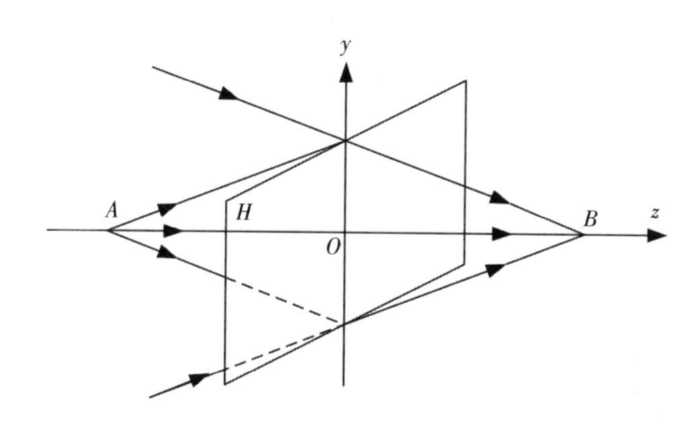

图 3-14　同轴全息透镜的形成

点源 A 发出球面波，B 是另一束会聚球面波的焦点。A、B 两束光是相干的，在 O 处放置全息记录材料，经曝光、显影、定影处理就能获得同轴全息透镜。A 是物点，坐标为（0，0，z_a），B 为参考点源，其坐标为（0，0，z_b），则 A、B 在 H 上的复振幅分布为：

$$u_a(x, y) = A_0 \exp\left(-jk\frac{x^2+y^2}{2z_a}\right) \tag{3.32}$$

$$u_b(x, y) = B_0 \exp\left(-jk\frac{x^2+y^2}{2z_b}\right) \tag{3.33}$$

A、B 在 H 上的光强分布为：

$$I(x, y) = A_0^2 + B_0^2 + A_0 B_0 \exp\left[jk\frac{x^2+y^2}{2}\left(\frac{1}{z_a}-\frac{1}{z_b}\right)\right] + A_0 B_0 \exp\left[-jk\frac{x^2+y^2}{2}\left(\frac{1}{z_a}-\frac{1}{z_b}\right)\right] \tag{3.34}$$

经过线性处理后，全息图的透射率为：

$$t(x, y) = t_0 + t_1 \exp\left[jk\frac{x^2+y^2}{2}\left(\frac{1}{z_a}-\frac{1}{z_b}\right)\right] + t_1 \exp\left[-jk\frac{x^2+y^2}{2}\left(\frac{1}{z_a}-\frac{1}{z_b}\right)\right] \tag{3.35}$$

式（3.35）中，t_0、t_1 是与 x 无关的常数。对应于图 3－14 的情况，$z_a<0$，$z_b>0$，所以$\frac{1}{z_a}-\frac{1}{z_b}<0$，于是式（3.35）中第二项相当于负透镜，第三项相当于正透镜，第一项相当于一个平板玻璃。

全息透镜还有一些与普通透镜不同的特点，除前面提到的三种作用同时并存外，衍射还可能出现高级次，因而有多重焦距、多重像。由于全息透镜的焦距与所使用的光波长有关，因而有明显的色散现象存在。下面简单叙述一下全息透镜与普通透镜的异同点：

1. 全息透镜与普通透镜的相似之处

（1）两者都有聚焦作用。平行光通过全息透镜时可以得到一个会聚球面波，会聚点即焦点。焦点到全息透镜的距离称为焦距。应当注意的是，全息透镜的焦距并不一定等于制作时形成球面波的透镜 L 的焦距。它只取决于光束会聚点 A 至干板的距离，在实验中可以调节这个距离。

（2）全息透镜也具有成像的作用，其成像规律与普通透镜一致。

2. 全息透镜与普通透镜的不同之处

（1）由于正旋型薄全息图总是存在 ±1 级衍射，同一个全息透镜既相当于一个正透镜，同时也相当于一个负透镜。因此，观察同轴全息透镜成像时，既能看到类似凸透镜成的实像，又能看到类似凹透镜成的虚像。离轴全息透镜的成像是离轴的，可以看作一个棱镜和一个透镜的组合。这些都是普通透镜不可兼得的。

（2）色散作用。由于衍射角度对应于不同波长的入射光具有不同的数值，所以同一个全息透镜即使是对于同一级衍射所形成的会聚点的位置也随波长的不同而变化。也就是说，不同的波长，全息透镜的焦距值不一样，表现出色散效应。

（3）对于非线性记录的薄全息透镜，重现时除了 ±1 级衍射外，同时还存在高次衍射，因而全息透镜存在多重焦距和多重像。

以上特点可由实验观察到。如让日光通过全息透镜，即可观察到不同衍射的光的焦点不同，出现多重焦距；透过全息透镜观察一个发光的白炽灯，会看到灯丝的多重像。同轴全息透镜记录光路如图 3－15 所示。

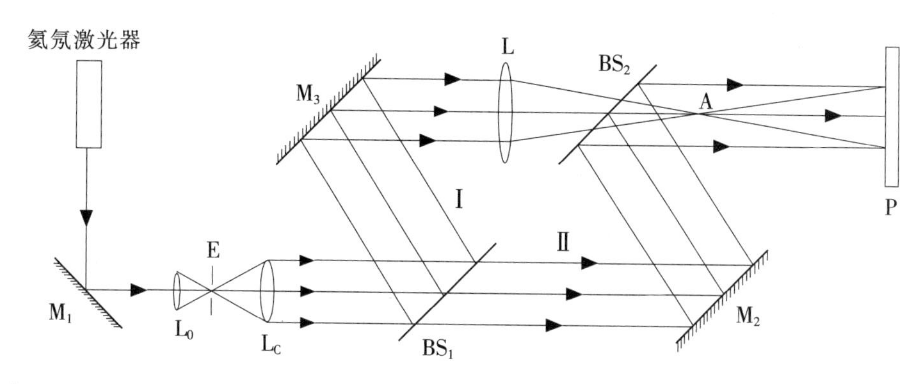

图 3－15　**同轴全息透镜记录光路**

激光通过准直透镜 L_C 变成平行激光束，经分束镜 BS_1 分为两束，一束经全反射镜 M_2 全反射后，再经分束镜 BS_2 反射照射到感光底片 P 上；另一束经 BS_1 反射后再经全反射镜 M_3 反射，经过会聚透镜 L 聚集于 A 点，A 点相当于一个点光源，它发出的球面波与由 BS_2 反射的光波同轴投射到感光底片上。两束光在底片上相干形成明暗相间的同心干涉条纹。在中心部位的干涉条纹，由于球面波的光线与平面波光线之间的夹角很小，最终条纹间隔较疏；而边缘部位随着两束光线的夹角逐渐扩大，条纹逐渐变密。条纹分布类似于菲涅耳波带片，故也称全息波带片。

离轴全息透镜记录光路如图 3－16 所示。

平行激光束经分束镜 BS_1 分为两束，一束经全反射镜 M_2 全反射后，再经全反射镜 M_4 反射照射到感光底片 P 上；另一束经 BS_1 反射后再经全反射镜 M_3 反射，经过会聚透镜 L 聚集于 A 点，A 点相当于一个点光源，它发出的球面波与由全反射镜 M_4 反射的光波离轴投射到感光底片上。两束光在感光底片上相干形成明暗相间的同心干涉条纹。在中心部位的干涉条纹，由于球面波的光线与平面波光线之间的夹角很大，结果只有中心一点可以看到干涉现象。

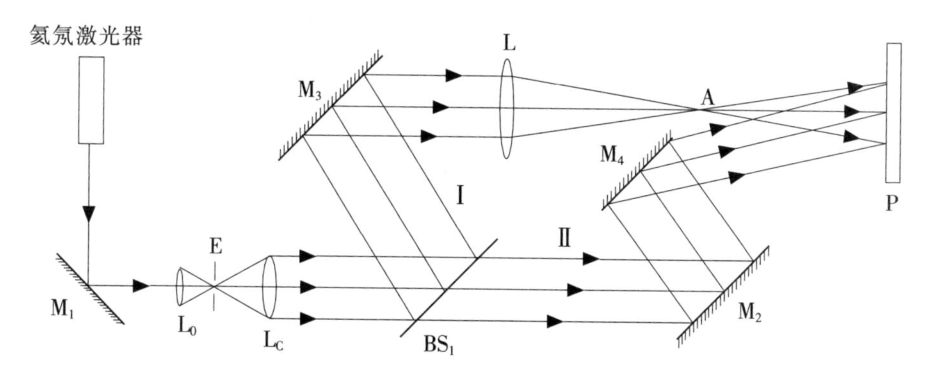

图 3－16　**离轴全息透镜记录光路**

3.6.4 实验器材

氦氖激光器；M_1、M_2、M_3、M_4：全反射镜；L_0：扩束镜；L_C：准直透镜；BS_1、BS_2：50%分束镜；E：针孔滤波器；D：光栅；P：白屏；孔屏；尺；干板架；光开关；曝光定时器；暗室设备一套（显影液；定影液；水盘；量杯；安全灯；流水冲洗设备）等。

3.6.5 实验内容与步骤

（1）打开激光器，调节激光器的输出光束使其与工作台面平行，用自准直法调节各光学表面使其与激光束的主光线垂直。

（2）按照图3－15依次加入光学元件，调节马赫—曾德干涉仪光路。

（3）制作同轴全息透镜，如图3－15所示。

①在已经调节好的马赫—曾德干涉仪光路中，在全反射镜 M_3 和分束镜 BS_2 之间放入透镜L，使其光轴与原光束的光轴重合。光束Ⅰ经过透镜会聚于A点，然后发散照射到光屏P上。光屏P与光束垂直。调节透镜L或者光屏P的位置，使会聚点A到光屏P的距离等于全息透镜的预定焦距值 f_H。

②断开光开关，取下光屏P，装上全息干板H，稳定1min后用曝光定时器控制光开关进行曝光，然后进行常规处理以及暗室处理即可得到同轴全息透镜。

③再现与观察。将制作好的同轴全息透镜放回原位，只用平面光照射，在全息透镜后面放置光屏P观察光场分布，再现球面波。移动光屏，仔细寻找全息透镜的主焦点的位置（即±1级衍射光的会聚点）。测量出主焦点至全息透镜的距离，即得到全息透镜的焦距 f'_H，将此测量焦距值与预定焦距值 f_H 作比较。

④用点光源发出球面波重现，重复上述步骤③，并观察其重现光束。

⑤比较不同色光的焦距值的大小。

（4）制作离轴全息透镜，如图3－16所示。

①在已经调节好的马赫—曾德干涉仪光路中，在全反射镜 M_3 和分束镜 BS_2 之间放入透镜L，使其光轴与原光束的光轴重合。光束Ⅰ经过透镜会聚于 A 点，然后发散照射到光屏P上。光屏P与光束垂直。调节透镜L或者光屏P的位置，使会聚点 A 到光屏P的距离等于全息透镜的预定焦距值 f_H。

②微调全反射镜 M_2，移动全反射镜 M_4，使得光束Ⅱ经全反射镜 M_2、M_4 反射后以较大角度斜入射光屏P上，并与光束Ⅰ在光屏P上的光斑重合。

③断开光开关，取下光屏P，装上全息干板H，稳定1min后用曝光定时器控制光开关进行曝光，然后进行常规处理以及暗室处理即可得到离轴全息透镜。

④在显微镜下观察所制成的离轴全息透镜，记录分析结构特点。

⑤分别用平面波与点光源重现此离轴全息透镜，观察并分析。

3.6.6 思考题

（1）光波长与工作波长不同，对全息透镜所成的像会造成什么影响？为什么？

（2）全息透镜和普通透镜的成像机理在本质上有何异同？

（3）试比较同轴全息透镜与离轴全息透镜成像特性的异同点。

3.7　三维全息图的拍摄与再现

全息照相又称全息术，是英国科学家 Gabor 在 1948 年为提高电子显微镜的分辨率而提出并实现的物理思想。由于需要相干性良好的光源，20 世纪 60 年代初激光的出现和 Leith、Upatnieks 提出离轴全息术后，全息术的研究才进入实用和昌盛的阶段，成为现代光学的一个重要分支。Gabor 因提出全息术的思想而获得 1971 年诺贝尔物理学奖。

全息术是利用光的干涉，将物体发出的光波以干涉条纹的形式记录下来，并在一定条件下，用光的衍射原理使其再现。由于用干涉方法记录下的是物体振幅、相位和频率全部的信息，可以形成与原物体几乎完全一样的三维图像，因此称为全息照相或全息术。

近几十年来，经过科学家的努力，全息术在技术和记录材料方面都有了快速的发展。在应用方面，全息术不仅作为一种显示技术得到了很大的发展，而且在信息储存和处理、检测、计量、防伪、光学图像实时处理、光学海量存贮、光计算和制作有特殊功能的全息光学元件等方面都有广泛的应用。

3.7.1　预习

（1）自行查阅图书、论文等资料，了解三维全息的概念及其与普通成像的区别。

（2）掌握三维全息的原理和再现原理。

（3）仔细阅读实验报告，掌握实验原理，了解如何搭建实验光路，了解定影、显影过程。

3.7.2　实验目的

（1）学习和掌握三维全息照相的基本原理。

（2）通过实验了解和掌握三维全息照相的基本技术。

（3）了解和掌握三维全息图的激光再现方法。

（4）通过实验了解全息照相的特点。

（5）进一步加深对光波复振幅、波前再现原理的理解。

3.7.3　实验原理

全息照相记录和再现的是物光波前的振幅和相位，但是感光乳胶和现有的光敏元件都只能记录光强而不能直接记录相位。因此必须借助一束相干参考光，通过拍摄物光和参考光的干涉条纹，间接地记录物光的振幅和相位。直接观察拍好的全息图是无法看到物体的像的，只有用照明光按一定的方式照明全息图时，通过全息图的衍射才能再现物光波前，使我们看到物的立体像。故全息照相包括记录和再现两个过程。

记录过程应用光的干涉原理，记录下来的干涉图样称为全息图。再现过程应用的是光的衍射原理，衍射过程中所形成的像称为再现像。

下面我们分别简单定性描述一下。

光产生干涉的基本条件是有两束或两束以上的相干光波在空间叠加。在全息照相中，把全息照相干板或其他记录介质放在物体光波与参考光波干涉场中的某一截面内，经曝光、显影处理后，所记录的干涉图样形成全息图。

三维全息图记录光路如图 3－17 所示：

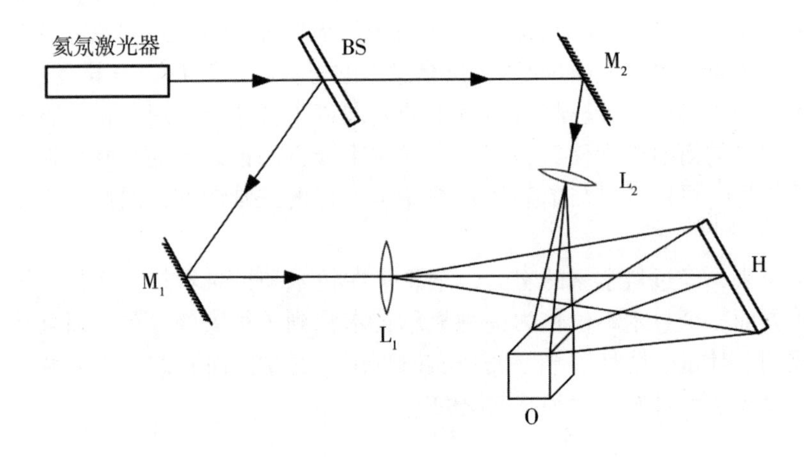

图 3－17　三维全息图记录光路

在透射型全息图的拍摄中，从氦氖激光器发出的激光束被分束镜 BS 分为两束。一束经反射镜 M_1 反射、扩束镜 L_1 扩束后直接照射到全息干板 H 上，称为参考光 R；另一束经反射镜 M_2 反射、扩束镜 L_2 扩束后照射到被拍摄物体上，被物体漫射后到达全息干板 H 上，称为物光 O。由于参考光和物光都来自同一光源，激光又具有较好的时间和空间相干性，在一定的实验条件下，两者都有固定的相位分布，叠加后可以形成稳定的干涉场，其中位于全息干板 H 截面内的干涉图样被记录下来成为全息图。

将曝光后的全息图底片经显影、定影后，用原参考光照明，可得到清晰的原物体的像，这个过程称为全息图的再现，如图 3－19 所示。在再现过程中，全息图将再现原来的物光波前，这时即使原来的物体被拿走，它仍可以重现原来物体的像，其效果就和观察原物一样，看到的是原物体真实的三维像，有逼真的视差效应和景深效应。即当我们改变观察的方向时，可以看到被前面的物体遮挡的部位；看不同距离的物体时眼睛要重新聚焦。如果用原参考光的共轭光来照明再现时，可在原位看到原物的实像。

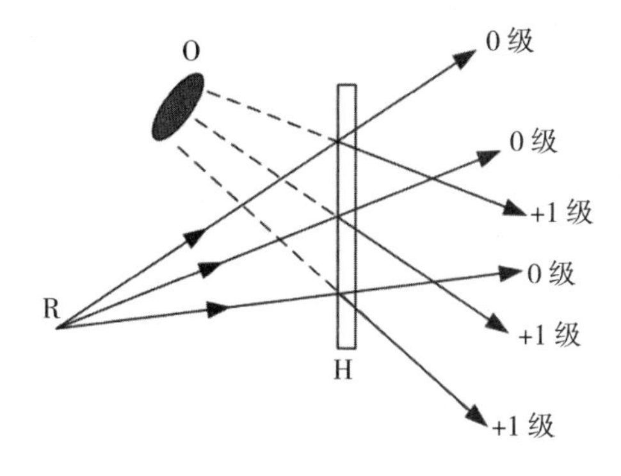

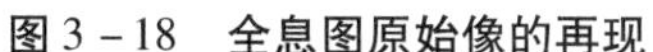
图 3－18　全息图原始像的再现

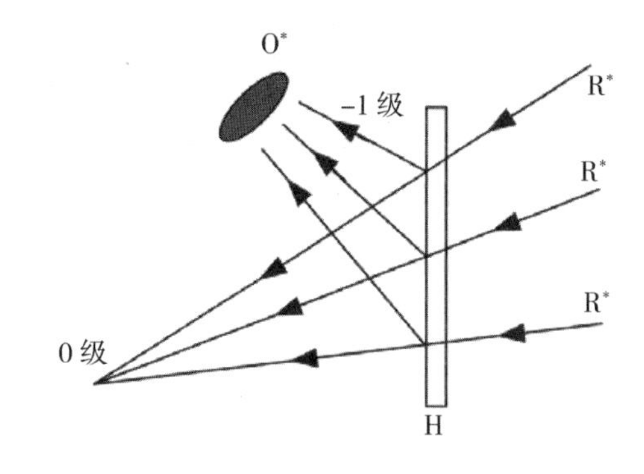

图 3－19　全息图共轭像的再现

下面我们用具体的数学表达式来描述一下全息记录和波前再现的过程。由于物体的漫反射的单色光波在干板平面 xy 上的复振幅分布为 $O(x, y)$，称作物光波。同一波长的参考光波在干板平面 xy 上的复振幅分布为 $R(x, y)$，物光波和参考光波叠加以后在干板平面的强度为：

$$I(x, y) = |O(x, y)|^2 + |R(x, y)|^2 + O(x, y)R^*(x, y) + O^*(x, y)R(x, y) \tag{3.36}$$

如果全息干板的曝光和冲洗都控制在振幅透过率 t 随曝光量 E 变化曲线的线性部分，则全息干板的透射系数 $t(x, y)$ 与光强 $I(x, y)$ 存在线性关系，即

$$t(x, y) = \alpha + \beta I(x, y) \tag{3.37}$$

这就是全息记录过程的数学表达。

波前再现过程如下，用一单色光照射全息图，若在全息干板上该光波的复振幅为 $P(x, y)$，则经过全息图后的复振幅分布为：

$$\begin{aligned} P(x, y)t(x, y) = {} & \alpha P(x, y) + \beta P(x, y)[\,|O(x, y)|^2 + |R(x, y)|^2\,] + \\ & \beta P(x, y)O(x, y)R^*(x, y) + \beta P(x, y)O^*(x, y)R(x, y) \end{aligned} \tag{3.38}$$

式（3.38）中，第一、第二项都具有再现光的相位特性，因此这两项实际上与再现光无本质区别，它的方向与再现光相同，称为零级衍射光。在第三项中，当取再现光与参考光相同时，则 $P(x, y)R^*(x, y)$ 等于一个常数，故这一项是与原光波相同的复振幅 $O(x, y)$，即这一项具有与物光波相同的衍射波，具有与原始物光波完全一样的特性。如果用眼睛接收这样的光波，就会看见原来的“物”，这个与“物”完全相同的再现像就是一个虚像，称为原始像。当取再现光与参考光不同时，第四项有了原

物共轭的相位，说明这一项代表一个实像，它不在原来的方向上而是发生了偏移，称之为共轭像。

3.7.4 实验器材

氦氖激光器；BS：50%分束镜；M_1、M_2：全反射镜；L_1、L_2：扩束镜；O：被拍摄物体；H：全息干板；孔屏；白屏；尺；干板架；光开关；曝光定时器；暗室设备一套（显影液、定影液、水盘、量杯、安全灯、流水冲洗设备）等。

3.7.5 实验内容与步骤

一、三维全息图的拍摄

（1）对照实验装置图，熟悉所需要的光学元件，并对实验仪器设备作仔细的观察和熟悉性调整。

（2）等高和同轴调节：在靠近激光器处使激光通过光阑，将光阑移动到距离激光器足够远处，调节激光器支架上的仰俯倾斜调节螺钉使激光通过光阑，重复几次后使激光束与平台台面基本平行；将需要使用的支架都以激光束为基准调为等高，支架上有光学元件的，让激光束照射到光学元件的中心，然后通过调节支架上的仰俯倾斜调节螺钉使其反射光束的中心与激光器输出口等高。

（3）按照图3-17初步安排好各光学元件、支架和物体的位置，其中全息干板位置先用白屏代替。

（4）测量光程：在初步安排的光路上，从分束镜BS开始分别测量物光5→8→11→17→14的光程l_O和参考光5→23→20→14的光程l_R，并调整反射镜M_1、M_2，以及物体O和全息干板H的位置，使l_O与l_R尽量相等（<1cm），同时兼顾两束光之间的夹角在5°~20°。

（5）光束调整：将扩束镜L_1和L_2放入光路，调整扩束镜支架的前后、上下、左右位置使光斑均匀，并分别照满白屏和被拍摄物体。调节参考光与物光的光强比为3∶1至8∶1。

（6）仔细检查并固定好每一个光学元件及支架。

（7）曝光：取下白屏，关闭快门，将全息干板乳胶面紧贴物体并夹紧在干板架上（乳胶面区分的方法是：在全息干板的任意表面哈一口气，不起雾的一面为乳胶面），离开防震平台，静等1min后按指导教师建议的曝光时间进行曝光。静等和曝光过程中不得走动、讲话或做引起地面抖动及空气流动的事。

（8）显影、定影：取下全息干板到暗室中显影、定影和水洗，正常的显影时间为3~4min，定影和水洗时间均为5~10min；把全息图晾干，准备观察。

二、三维全息图的再现

（1）把晾干的全息图按与拍摄时相同的位置放到原来记录光路中的干板架上夹紧，遮挡住物光，只用参考光照明全息图，会观察到什么现象？在水平面内左右轻微转动干板架，又会观察到什么现象？这个步骤再现的是原始像还是共轭像？实像还是虚像？

（2）取下全息图，把全息图在水平面内转动180°后重新夹入干板架，遮挡住物光，只用参考光照明全息图，会观察到什么现象（要用一个白屏或白纸在上面透射像与干板对称位置附近寻找）？在水平面内左右轻微转动干板架，又会观察到什么现象？这个步骤再现的是原始像还是共轭像？实像还是虚像？

3.7.6　思考题

（1）仅从照相的角度而言，全息照相与普通照相主要有哪些差别？

（2）全息照相为什么要采用特殊的光源、特殊的记录材料和特殊的防震措施？

（3）全息图的再现像主要有哪些优点？为什么？主要有哪些缺点？为什么？

（4）为什么一般三维全息图的观察要使用激光？使用白光再现看到的是什么现象？

（5）你所观察到的原始像和共轭像之间的主要区别是什么？再现方法上的不同在哪里？对光学中共轭的概念有什么理解？

（6）在记录全息光路时，用什么办法可以又快又好地实现，同时又能兼顾等光程和满足对两束光之间夹角的要求？

3.8　一步像面全息图的拍摄与再现

3.8.1　预习

（1）了解一步像面全息的概念和原理。

（2）分析像面全息和三维全息的区别。

3.8.2　实验目的

（1）进一步学习和掌握全息照相的基本原理，学习一种可用白光再现的全息术。

（2）掌握像面全息图的记录和再现原理，制作一张像面全息图。

（3）了解像面全息图的白光再现方法。

（4）熟练掌握全息实验光路的调节方法。

3.8.3　实验原理

将物体靠近记录介质，或利用成像透镜使物体成像在记录介质附近，或者使一个全息图重现的实像靠近记录介质，都可以在引入参考光后记录到像全息图。当物体的像正好位于记录介质面上时，得到像面全息图。它是像全息图的一种特例。

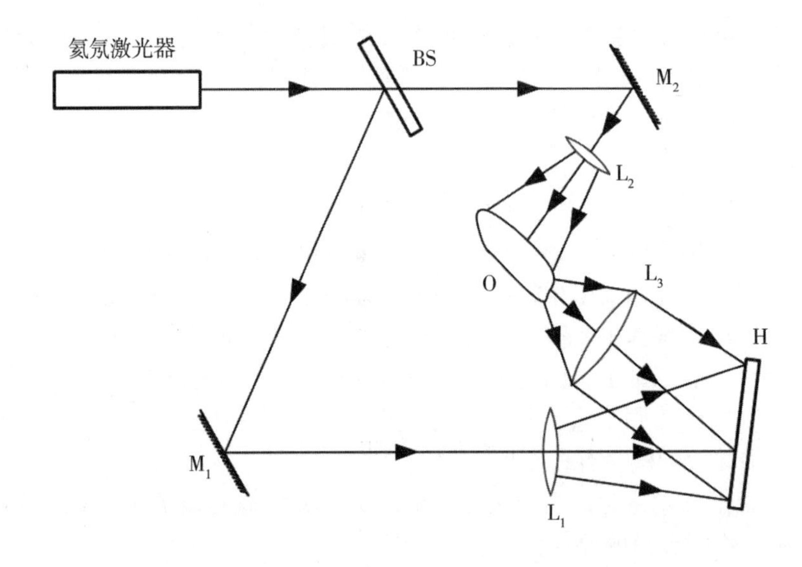

图 3－20　像面全息图记录光路

如图 3－20 所示，在像面全息图的拍摄中，从氦氖激光器发出的激光束被分束镜 BS 分为两束。一束经反射镜 M_1 反射、扩束镜 L_1 扩束后直接照射到全息干板 H 上，称为参考光 R；另一束经反射镜 M_2 反射、扩束镜 L_2 扩束后照射到被拍摄物体上，被物体漫射后经过扩束镜 L_3 扩束并照明在全息干板 H 上，称为物光 O。由于参考光和物光都来自同一光源，激光又具有较好的时间和空间相干性，在一定的实验条件下，两者都有固定的相位分布，叠加后可以形成稳定的干涉场，其中位于全息干板 H 截面内的干涉图样被记录下来成为像面全息图。

像面全息图的特点是可以用宽光源和白光再现。对于普通的全息图，当用点光源再现时，物上的一个点的再现像仍是一个像点。若照明光源的线度增大，像的线度也随之增大，从而产生线模糊。计算表明，记录时物体愈靠近全息平面，对再现光源的线度要求随之降低。当物体或者物体的像位于全息平面上时，再现光源的线度将不受限制。这就是像面全息图可以用宽光源再现的缘故。

全息图可以看成是由许多个基元全息图叠加而成的，具有光栅结构。当用白光照明时，再现光的方向随波长而异，因此再现像点的位置也随波长而变化，其变化量取决于物体到全息图平面之间的距离。由此可见，各波长的再现像将相互错开并且交叠在一起，这种效果使得像变得模糊不清。离焦量越大，再现像就越模糊不清。然而，像面全息图的特征就是物体或者物体的像位于全息图平面上，因而再现像也位于全息平面上。此时，即使再现照明光的方向改变，也不会改变像的位置，只是看起来颜色有所变化而已。这就是像面全息图可以用白光照明再现的原因所在。

在记录像面全息图时，如果物体靠近记录介质，则不便于引入参考光，故通常采用两种成像方式产生像光波：一种是采用透镜成像，如图 3－21 所示；另一种则是利用全息图的重现实像作为像光波，这时需要对物体先记录一张菲涅耳全息图，然后用原参考光波的共轭光波照明全息图，重现物体的实像，再用此实像作为物记录像全息图。因此，第二种方式包括二次全息记录与一次全息重现，过程比较繁杂。本实验只记录第一种像全息的方法。

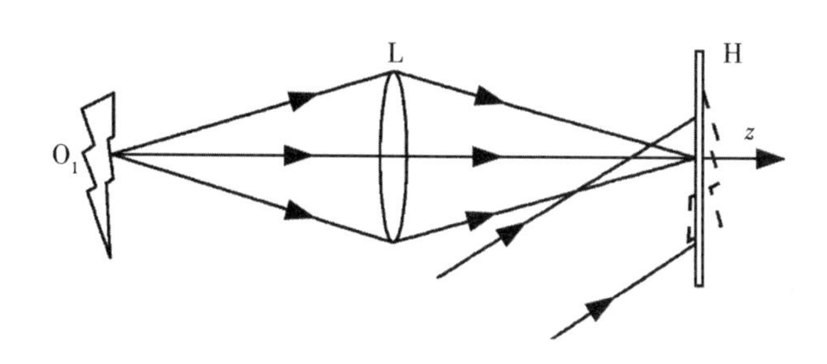

图 3-21　像面全息图拍摄光路示意图

由于像面全息图是把成像光束作为物光波来记录，相当于物与全息干板重合，物距为零，因此，当用多波长的复合光波（如白光）重现时，重现像的像距也相应为零，各波长所对应的重现像都位于全息图上，不出现像模糊和色模糊现象。因此，像面全息图可以用扩展白光照明重现，观察到清晰的像。

如果在本次实验中，参考光不是从全息干板的乳剂面入射，而是从全息干板的背面入射，则所得的全息图既是像面全息图，又是反射全息图，称为反射像面全息图。反射像面全息图具有反射全息图的特性，如果用白光再现，随着入射角的不同，再现像将呈现不同的颜色。

3.8.4　实验器材

氦氖激光器；BS：50% 分束镜；M_1、M_2：全反射镜；L_1、L_2、L_3：扩束镜；O：被拍摄物体；H：全息干板；孔屏；白屏；尺；干板架；光开关；曝光定时器；暗室设备一套（显影液、定影液、水盘、量杯、安全灯、流水冲洗设备）等。

3.8.5　实验内容与步骤

（1）按照图 3-20 选择合适的光学元件、支架和物体的位置，其中全息干板用毛玻璃代替。

（2）打开激光器，调节激光器的输出光束使其与工作台面平行，用自准直法调节各光学表面使其与激光束的主光线垂直。

（3）按照光路图搭建和调整光路。通过移动反射镜 M_1 调节参考光的光程，使其与物光的光程接近于零。物光与参考光的夹角不宜太大，一般在 30°～40°。全息干板 H 应位于物体的共轭像面上。物体像的大小可以通过调整物体和全息干板的位置来控制。最好将物体置于两倍焦距处，使之按 1∶1 成像，防止像的失真。调节扩束镜 L_3 和毛玻璃之间的距离，使物体的像清晰地呈现在毛玻璃上。

（4）光束调整：通过调整分束镜 BS，使参考光与物光的光强比在 2∶1 至 4∶1 之间。

(5) 仔细检查并固定好每一个光学元件及支架。

(6) 曝光：取下白屏，关闭快门，将全息干板乳胶面面对物体夹紧在干板架上，离开防震平台，静等1min后按指导教师建议的曝光时间进行曝光。静等和曝光过程中不得走动、讲话或做引起地面抖动及空气流动的事。

(7) 显影、定影：取下全息干板到暗室中显影、定影和水洗，正常的显影时间为3～4min，定影和水洗时间均为5～10min；把全息图晾干，准备观察。

(8) 把拍好的像面全息图用白炽灯照明再现，观察其特点。

3.8.6 思考题

(1) 像面全息图为什么可以用白光再现?

(2) 白光再现的像面全息图有立体感吗? 为什么?

(3) 体积光栅与平面光栅有什么区别?

3.9 阿贝—波特成像及空间滤波

空间滤波是指在光学系统的傅里叶变换频谱面上放置适当的滤波器，以改变光波的频谱结构，从而使物的图像发生改变以达到预期的效果。阿贝—波特成像理论认为，在相干光照明下，显微镜的成像可以分为两个步骤：第一步是通过物的衍射光在物镜的后焦面（即频谱面）上形成一个初级衍射图；第二步是经过物镜后焦面（即频谱面）上初级衍射图的光线在像平面上复合成像。如果在频谱面上对物体的频谱进行调制或遮挡，就可以在物体的成像面上得到不同效果的图像，这一过程称为空间滤波。

阿贝—波特成像理论以及阿贝—波特实验揭示：通过对信号的频谱进行处理（滤波），可以达到对信号本身进行相应处理的目的。这正是现代光学信息处理最基本的思想和内容。本实验对加深傅里叶光学空间频率、空间频谱和空间滤波等概念的理解，熟悉阿贝—波特成像原理，了解透镜孔径对成像分辨率的影响以及研究现代光学信息处理均有十分重要的意义。

3.9.1 预习

(1) 查找相关资料，了解阿贝—波特成像理论和空间滤波原理。

(2) 预习实验报告，了解实验原理。

3.9.2 实验目的

(1) 了解信号与频谱的关系以及透镜的傅里叶变换功能，学习和掌握阿贝—波特成像原理，并进行实验验证。

(2) 通过实验掌握频谱面位置与照明光源位置的关系，物体位置与频谱面上频谱分布的关系。掌握现代成像原理和空间滤波的基本原理，理解成像过程中分频和合频的作用。

（3）通过在频谱面上对频谱分布的调制，观察成像面上图像所受到的影响，理解空间频率与频谱面上频谱分布的关系，总结空间滤波的规律。

（4）掌握光学滤波技术，观察各种光学滤波器产生的滤波效果，加深对光学信息处理基本思想的认识。

3.9.3　实验原理

一、光学傅里叶变换

一个光学信号 $g(x, y)$ 是空间变量 x 与 y 的二维函数，其傅里叶变换被定义为：

$$G(\xi, \eta) = F[g(x, y)] = \int_{-\infty}^{\infty}\int_{-\infty}^{\infty} g(x, y)\exp[-j2\pi(\xi x + \eta y)]\mathrm{d}x\mathrm{d}y \quad (3.39)$$

其中，$G(\xi, \eta)$ 本身也是两个自变量 ξ 与 η 的函数，ξ 与 η 分别是 x 与 y 方向所对应的空间频率变量。$G(\xi, \eta)$ 被称为光信号 $g(x, y)$ 的傅里叶频谱，亦称空间频谱。一般来说，$g(x, y)$ 是非周期函数，$G(\xi, \eta)$ 应该是 ξ 与 η 的连续函数。式（3.40）逆运算又被称为傅里叶逆变换，即

$$g(x, y) = F^{-1}[G(\xi, \eta)] = \int_{-\infty}^{\infty}\int_{-\infty}^{\infty} G(\xi, \eta)\exp[j2\pi(\xi x + \eta y)]\mathrm{d}\xi\mathrm{d}\eta \quad (3.40)$$

上式可以理解为，一个复杂光学信号可以看作由无穷多列平面波的干涉叠加而成，每列平面波的权重是 $G(\xi, \eta)$。

式（3.39）、（3.40）所表示的傅里叶变换运算或者傅里叶逆变换运算都是通过透镜来完成的。换句话说，透镜（正透镜）除了具备我们熟悉的成像功能外，还有一个功能就是能完成傅里叶变换，这是现代光学赋予它的新任务。

二、阿贝—波特成像理论

傅立叶变换在光学成像中的重要性，首先在显微镜的研究中显示出来。阿贝在1873 年提出了显微镜的成像原理，并进行了相应的实验研究。阿贝认为，在相干光照明下，显微镜的成像可分为两个步骤：第一个步骤是通过物的衍射光在物镜后焦面上形成一个初级衍射图（即频谱图）；第二个步骤是物镜后焦面上的初级衍射图向前发出球面波，干涉叠加在目镜焦面处的像上，这个像可以通过目镜观察到。

成像的这两个步骤本质上就是两次傅里叶变换，如果物的振幅分布是 $g(x, y)$，可以证明在物镜后焦面上的光强分布正好是 $g(x, y)$ 的傅里叶变换 $G(\xi, \eta)$（令 $\xi = x/\lambda F$，$\eta = y/\lambda F$，λ 为波长，F 为物镜焦距）。所以第一个步骤起的作用就是把一个物面光场的空间分布变成空间频率分布；而第二个步骤则是又一次傅里叶变换将 $G(\xi, \eta)$ 还原到空间分布。

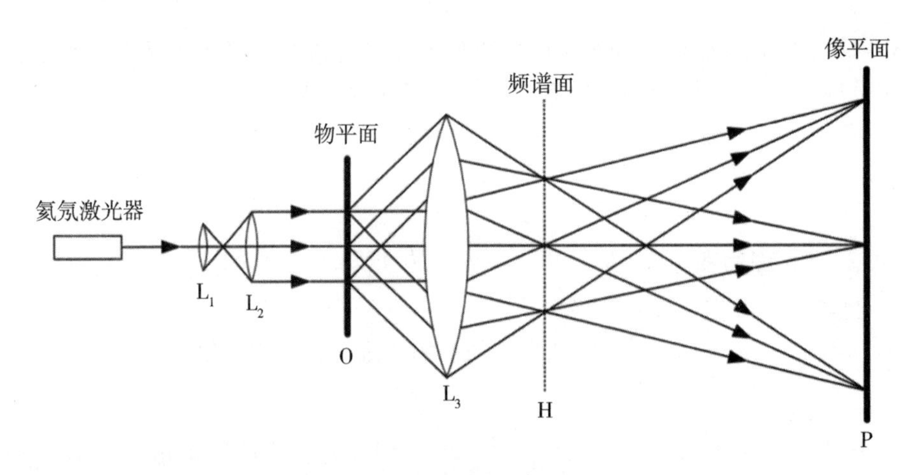

图 3－22　阿贝成像原理及空间滤波光路

图 3－22 显示了成像的这两个步骤。为了方便起见，假设在物平面上放置的是一个一维光栅，用单色平行光照在光栅上，经衍射分解成不同方向的很多束平行光（每一束平行光对应于一定的空间频率），经过物镜后分别聚焦在后焦面（即频谱面）上，最终代表不同空间频率的光束又重新在像平面上复合成像。

如果这两次傅里叶变换是完全理想的，即信息在传播过程中没有任何损失，则像和物应该完全相似（可能存在放大或缩小的情况）。但一般来说，像和物不可能完全相似。这是由于透镜的孔径是有限的，总有一部分衍射角度较大的高频成分不能进入透镜而被丢失掉，所以像的信息总是比物的信息要少一些。高频信息主要反映物的细节，如果高频信息受到孔径的限制而不能到达像平面，则无论显微镜有多大的放大倍数，都不可能在像平面上显示出这些高频信息所反映的细节，这也是显微镜分辨率受到限制的根本原因。

三、光学信号的空间滤波

如前所述，光学信号经傅里叶变换透镜变换在频谱面上形成信号的频谱（信号的夫琅禾费衍射图样）。如果在频谱面上放置一些模板（吸收板或相移板），挡住或减弱某些空间频率成分，则必然使像平面上的图像发生相应变化。这种图像处理过程称为空间滤波，放在频谱面上的这种模板称为滤波器。最简单的滤波器就是一些特殊形状的光阑，它使频谱面上的一些频率分量通过，而挡住其他频率分量，从而改变了像平面上的图像。如圆孔光阑可以作为一个低通滤波器，而圆屏则可以作为高通滤波器。下面介绍三种常用的滤波方法。

1. 低通滤波

低通滤波的作用就是滤去高频成分，保留低频成分。由于低频成分集中在频谱面上的光轴附近，高频成分落在远离光轴的地方，故低通滤波器就是一个圆形光孔［图 3－23（a）］。图像的精细结构及其突变部分主要由高频成分起作用，因此经低通滤波处理后图像的精细结构消失，黑白突变处变得模糊。

2. 高通滤波

高通滤波的作用就是滤去低频成分，保留高频成分［图 3－23（b）］。高频信息反映了图像的突变部分。如果所处理的图像由透明和不透明两部分组成，则经过高通滤波处理，图像的轮廓应该特别明显。

3. 方向滤波

根据不同的要求，方向滤波器种类成千上万。比如方向滤波器可以是一个狭缝［图3－23（c）］，如果将狭缝放在沿x轴方向，则只有沿x轴方向衍射的物面信息才能通过，即狭缝放在任一方向，只有平行与狭缝方向的光才能通过。另外，方向滤波器有时候也制成扇形［图3－23（d）］。

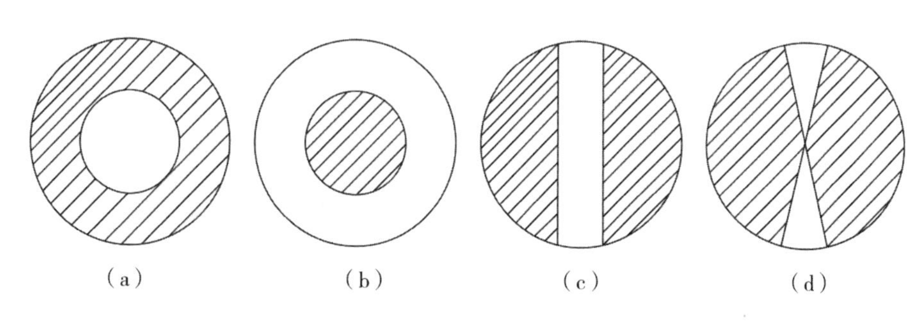

图3－23　滤波波形

总之，空间滤波是光学信号处理的一种重要技术，它是通过对物频谱的改造处理来达到对信号（物分布）进行相应改造处理的目的，这也正是相干光信息处理的基本思想与内容。

3.9.4　实验器材

氦氖激光器；L_1：扩束镜；L_2：准直透镜；O：输入物像；L_3：傅里叶变换透镜；P：毛玻璃屏；孔屏；白屏；尺；干板架；网格字；正交光栅等。

3.9.5　实验内容与步骤

（1）用扩束镜L_1和准直透镜L_2组成扩束器，其出射的平行光束垂直射在铅直方向的光栅上。

（2）在离光栅（物）2m以外处放置白屏，前后移动变换透镜L_3，在白屏上接收光栅像。

（3）移动准直透镜L_2的位置，观察频谱面位置的变化及频谱面上光场分布的变化并记录下来，这些现象说明什么问题?

（4）将准直透镜L_2移动到产生平行光的位置，移动作为衍射屏的光栅，观察频谱面位置的变化及频谱面上光场分布的变化并记录下来，这些现象说明什么问题?

（5）在变换透镜L_3后焦面（频谱面）上放置一个可调狭缝光阑，挡住频谱0级以外的光点，观察像屏上是否还有光栅像。

（6）调节狭缝宽度，使频谱的0级和1级通过光阑，观察像平面上的光栅像；然后撤走光阑，让更高级次的衍射都能通过，再观察像面上的光栅像。比较这两种情况下光栅像有何变化。

（7）光阑只遮挡傅氏面上的1级频谱，观察像面的变化。

（8）白屏放在傅氏面上，测量0级至+1、+2级或-1、-2级衍射极大值之间的距离 d_1 和 d_2。

（9）二维的正交光栅替换一维光栅，让竖直方向的一系列光点通过铅直的狭缝光阑，观察像平面上栅缝的方向。

（10）将光阑旋转90°，观察像平面上栅缝的方向。

（11）将光阑旋转45°，观察像平面上的变化。

（12）用网格字替换正交光栅，观察频谱和像。

（13）将一个可变圆孔光阑放在傅氏面上，圆孔由大变小，直到只让光轴上一个光点通过为止，比较滤波前后，网格字像构成的变化。

（14）计算±1级和±2级光点的空间频率 ν_1 和 ν_2：

$$\nu_1 = \frac{d_1}{\lambda \times f_3'},\ \nu_2 = \frac{d_2}{\lambda \times f_3'} \tag{3.41}$$

其中，λ 为所用激光的波长，f_3' 为变换透镜的焦距。

3.9.6 思考题

（1）在频谱面上观察到的是光强还是复振幅？

（2）直接用眼睛或照相机观察和记录，能否判断平行光照明时衍射屏位于变换透镜的前焦面？

（3）在信息光学中我们学习光学空间滤波时通常采用4f系统，它有什么突出的优点？本实验为什么不采用4f系统的光路？通过实验步骤（1）至（4）是否可以总结出一些我们做实验时所选光路的优点？

3.10 θ 调制空间假彩色编码

θ 调制技术是阿贝—波特成像理论的应用。第一步是入射光经过物平面发生夫琅禾费衍射，在透镜的后焦面上形成一系列衍射斑（即物的频谱），这一步称为分频。第二步是各衍射斑发出的球面波在像平面上相干叠加，像就是像平面上的干涉场，这一步称为合频，形成物的像。如果用白光源照明光栅片，就会在频谱上得到色散彩色频谱。每个彩色铺板的原色分布从外向里都是按红、橙、黄、绿、蓝、靛、紫的顺序排列，这是因为光栅的衍射角与入射光的波长有关。红光的波长最大，衍射角最大，分布在最外面；紫光相反。若在频谱面上放置一个空间滤波器，让不同方向的谱斑通过不同的颜色，最终可以在像面上得到彩色图像。这种方法是利用不同方向的光栅对图像进行调制，因此称为 θ 调制法。又因为它将图像中的不同部位“编”上不同的颜色，故又称空间假彩色编码。

3.10.1　预习

（1）预习实验报告，了解什么是假彩色编码。

（2）了解 θ 调制的原理。

（3）思考空间位置颜色变化和图像不同部位编上何种颜色的关系。

3.10.2　实验目的

（1）掌握 θ 调制空间假彩色编码的原理，巩固对光栅衍射基本理论的理解。

（2）加深对傅里叶光学中空间频谱和空间滤波等概念的理解。

（3）利用 θ 调制空间假彩色编码的方法得到彩色输出像，初步了解简单的空间滤波在光信息处理中的实际应用。

3.10.3　实验原理

一、阿贝—波特成像理论

近年来，波动光学的一个重要发展就是逐步形成了一个新的光学分支——傅里叶光学。把傅里叶变换引入光学，在形式和内容上都已成为信息光学发展的起点，全息术和光学信息处理，作为傅里叶光学的实际应用发展极为迅速。

阿贝早在 1873 年研究显微镜成像原理时就指出，在相干光照明下，透镜成像可分为两个步骤：第一步是通过物的衍射光在透镜的像方焦面上形成一组衍射图样，这些衍射图样称为物的空间频谱；第二步则是各个频谱分量的再组合，使之在像平面上得到原物的像。阿贝的二次衍射成像，实质上就是两次傅里叶变换。

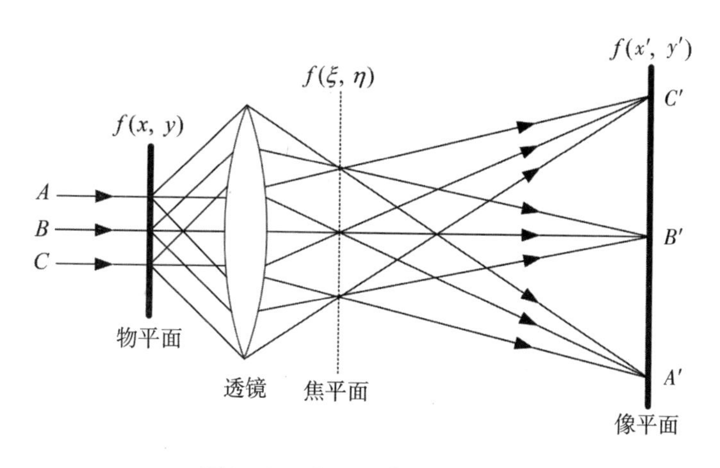

图 3－24　阿贝—波特成像原理

设 $f(x,\ y)$ 代表物平面上光场的复振幅分布，如图 3－24 所示。首先，根据惠更

斯—菲涅耳原理，在透镜像方焦面上的复振幅分布$f(\xi, \eta)$将为$f(x, y)$的傅里叶变换，即

$$f(\xi, \eta) = F[f(x, y)] = \int_{-\infty}^{\infty}\int_{-\infty}^{\infty} f(x, y)\exp[-j2\pi(\xi x + \eta y)]\mathrm{d}x\mathrm{d}y \quad (3.42)$$

ξ与η分别为x与y方向的空间频率，量纲为L^{-1}，即$\xi = x/f\lambda$与$\eta = y/f\lambda$，其中f为透镜的像方焦距，λ为光波的波长。$f(\xi, \eta)$是相应于空间频率为ξ与η的基元函数的权重，也记为光场的空间频率。$f(\xi, \eta)$也称为光场的频谱函数，透镜的像方焦面则称为频谱面或傅氏面，而且$f(x, y)$是$f(\xi, \eta)$的逆傅里叶变换，即

$$f(x, y) = F^{-1}[f(\xi, \eta)] = \int_{-\infty}^{\infty}\int_{-\infty}^{\infty} f(\xi, \eta)\exp[j2\pi(\xi x + \eta y)]\mathrm{d}\xi\mathrm{d}\eta \quad (3.43)$$

由此可见，它们是对同一光场分布的本质上等效的两种描述。

然后，再以频谱为物，由二次衍射可以证明，在像平面上的复振幅分布$f(x', y')$恰好为$f(\xi, \eta)$的又一次傅里叶变换，即：

$$f(x', y') = F[f(\xi, \eta)] = \int_{-\infty}^{\infty}\int_{-\infty}^{\infty} f(\xi, \eta)\exp[-j2\pi(\xi x + \eta y)]\mathrm{d}\xi\mathrm{d}\eta \quad (3.44)$$

比较上式可得：

$$f(x', y') = (f\lambda)^2 f(x, y) \quad (3.45)$$

经过两次衍射过程，第一次衍射将物光场的空间分布变换成空间频谱，第二次衍射则又经过一次变换将空间的频谱分布还原为像场的空间分布；结果是物平面和像平面上共轭点的复数振幅之比是常数，亦即像平面光振动的实数振幅和相位分布和物平面上的分布完全对应，因而像与物在几何上一致（可能存在放大或缩小的情况）。

图3－25显示了成像的这两个步骤。为了简便起见，假设物是一个一维光栅，光栅常数为d，即$f(\xi)$是一个空间的周期性函数，其空间频率为ν_0（即$\nu_0 = 1/d$）。当波长为λ的单色平行光照明光栅时，则其光振幅分布可展开成级数：

$$f(\xi) = \sum_{n=-\infty}^{\infty} F_n e^{j2\pi n\nu_0\xi} \quad (3.46)$$

相应的空间频率分布为$\nu = 0$，ν_0，$2\nu_0$，…它们是不连续的；相当于在透镜像方焦面上形成的衍射条纹中的零级、一级、二级……主极大。这是由于经衍射后，物光波分解为许多分立的、具有不同空间频率的衍射分量，每一个分量对应于沿一定方向传

播的平行光束，经透镜聚焦后，形成衍射条纹。衍射角越大，衍射级次越高，空间频率也越高。然而，当代表不同空间频率的光束又重新在像平面上相干叠加后，则复合构成原物（光栅）的实像。

一般来说，像和物不可能完全一样，这是由于成像透镜的孔径是有限的，总有一部分衍射角度较大的高频信息不能进入透镜而被丢弃，使像的信息少于物的信息。因此，透镜作为最简单的成像系统，就成像光束的空间频率来说，是一个低通滤波器。当物光栅很密，或透镜通光孔径很小时，则物光波中对应一级衍射极大值的分量（其空间频率即为光栅的空间频率 ν_0）也不能通过透镜，这时像平面上将得不到物光栅的像。但高频信息主要是反映物体的精细结构。如果高频信息因受阻而不能到达像平面，则像无论怎样被放大，都不可能在像平面上显示出这些细节。这就是现代光学仪器的分辨率受到限制的根本原因。

如果在透镜像方焦面上人为地插入一些滤波器（吸收板或移相板），以改变焦平面上不同空间频率的光振幅和相位的分布，就可以根据需要改变频谱以及像的结构，这就是空间滤波。最简单的滤波器就是放置在透镜焦平面上的特种形状的光阑，它仅使一个或几个频率分量通过，而挡住其他频率分量，从而使像质发生变化。观察这些现象能使我们对空间傅里叶变换和空间滤波有更清晰的认识。

二、θ 调制空间假彩色编码的实验原理

θ 调制空间假彩色编码光路如图 3－25 所示：

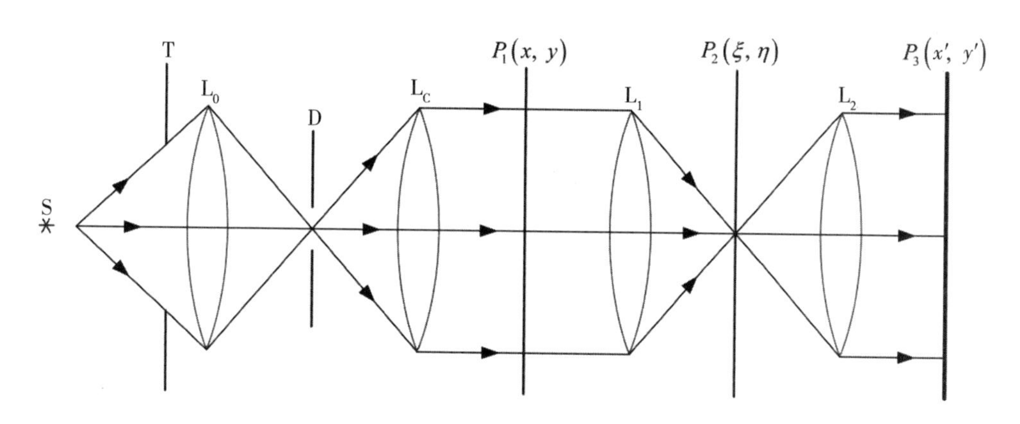

图 3－25　θ 调制空间假彩色编码光路

θ 调制空间假彩色编码属于频域调制，对一张本无色彩的图像，利用频域调制和空间滤波技术，使其实现图像彩色化。其原理是对输入图像的不同区域分别用取向（θ 角）不同的光栅进行调制（图 3－26），当用白光照明时，频谱面上得到色散方向不同的彩色带状谱，其中每一条带状谱对应被某一个方向光栅调制的图形的信息。频谱面上彩色带状谱的色序是按衍射规律分布的。如果在该平面上加一适当的滤光片，使彩色带状谱中所需波长的光通过，而其他波长的光被挡住，则可在输出面上得到所需要的彩色图像。

所谓假彩色编码，是指输出面上呈现的色彩并不是物体本身的真实色彩，而是通

过 θ 调制方法处理手段将白光中所包含的色彩“提取”出来，再“赋予”图像而形成的，因而称为假彩色。“编码”是借鉴信息论的说法，表示处理手段。

3.10.4 实验器材

S：白色点光源；T：孔屏；D：小孔光栅；L_0：聚光透镜；L_C：准直透镜；L_1、L_2：傅里叶变换透镜；P_1：输入面（物面）；P_2：频谱面；P_3：输出面（像面）；干板架；白屏；全息干板；暗室设备一套（显影液、定影液、水盘、量杯、安全灯、流水冲洗设备）等。

3.10.5 实验内容与步骤

（1）将器材架好，参照图 3－24 排放，目测调共轴。

（2）使光源 S 与聚光透镜 L_0 的距离等于 L_0 的物方焦距，并使平行光束垂直照射 θ 调制板的图案（图形倒立），通过傅里叶变换透镜 L_2 在白屏上成一适当大小的像。

（3）采用的 θ 调制板为一个天安门光栅，如图 3－26（a）所示。图中的天空、房子、草地分别由三个不同取向的光栅组成。图 3－26（a）中，天空条纹与房子条纹相互垂直，房子条纹与草地条纹成 45°（锐角）。

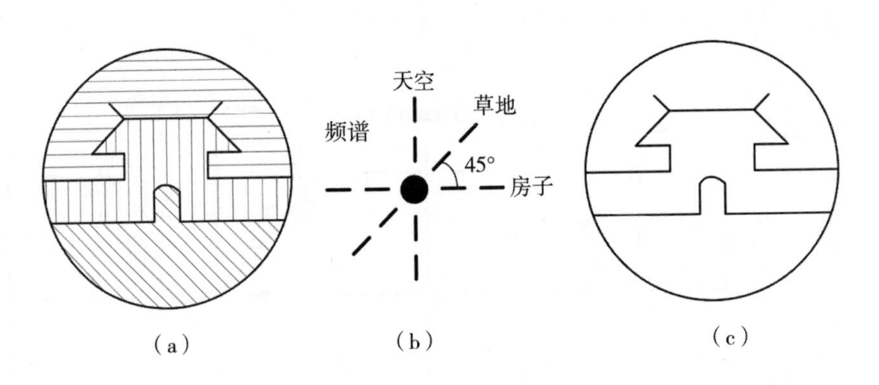

图 3－26　θ 调制板

（4）以白光源 S 为光源，上述 θ 调制的图像为物，按图 3－24 在光学平台上搭建光路。L_0 为聚光透镜，θ 调制板，变换透镜 L_1、L_2 依次放在准直透镜 L_C 后面。这时在变换透镜 L_1 后可找到频谱面，即观察到天空、房子和草地的谱线，如图 3－26（b）所示。此时这些衍射极大值除了零级没有色散以外，一级、二级……都有色散。波长短的蓝光具有较小的衍射角，其次为绿光，而红光的衍射角最大。

（5）将滤光片放置在频谱面上。调整好滤光片色带的位置，使对应于天空的谱线对准蓝色色带，对应于房子的谱线对准红色色带，对应于草地的谱线对准绿色色带。这时在屏上将出现蓝色的天空、红色的房子和绿色的草地的彩色图像，如图 3－26（c）所示。

（6）重新调整滤光片各色带在频谱面上的位置，观察像面上图像假彩色的变化情况。

3.10.6　思考题

（1）在频谱面上除了可用滤光片滤波外，还有什么办法可以进行假彩色滤波实验？

（2）在本实验中，像可以有多少种颜色组合？

（3）如果有一张细节比较模糊的照片，能否通过空间滤波的方法加以改善？

（4）在 θ 调制实验中，物平面上没有光栅的地方原则上是透明的，但像平面上相应的部位却是黑暗的，为什么？

第 4 章　激光原理实验

4.1　氦氖激光器谐振腔调节与功率测量实验

4.1.1　预习

（1）预习氦氖激光器的工作原理。

（2）预习氦氖激光器谐振腔的调节方法。

（3）预习功率计的使用方法。

4.1.2　实验目的

（1）了解氦氖激光器的基本结构和工作原理。

（2）理解激光谐振原理，熟练掌握激光谐振腔的调节方法。

（3）熟悉测量激光功率大小的操作方法。

4.1.3　实验原理

一、氦氖激光器简介

气体激光器是以气体或者蒸汽作为工作物质的激光器。由于气体激光器是利用气体原子、分子或离子的分离能级进行工作的，所以它的跃迁谱线及相应的激光波长范围较宽，目前已观测到的激光谱线有万余条，遍及从紫外到红外整个光谱区。与其他种类的激光器相比较，气体激光器的突出优点是输出光束的质量好（单色性、相干性、光束方向性和稳定性等），因此被广泛应用。

氦氖激光器（简称 He-Ne 激光器）是最早研制成功的气体激光器。在可见及红外波段可产生多条激光谱线，其中最强的是 632.8nm、1.15μm、3.39μm 三条谱线。放电管长达数十厘米的 He-Ne 激光器不仅能够输出优质的连续运转可见光，而且具有结构简单、体积较小、价格低廉等优点，在准直、定位、全息照相、测量、精密计量等方面得到了广泛应用。

二、He-Ne 激光器的基本结构

He-Ne 激光器的基本结构由激光管和电源两部分组成，其中激光管主要包括放电管、电极和谐振腔三部分，结构如图 4-1 所示。

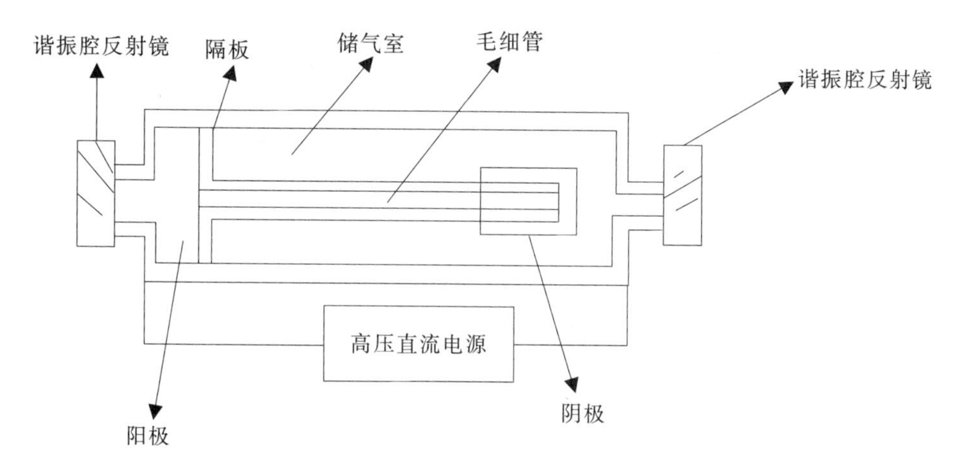

图 4－1　He-Ne 激光器结构

放电管是 He-Ne 激光器的核心。放电管通常由毛细管和储气室构成。放电管中充入一定比例的 He、Ne 气体，当在电极上施加高压后，毛细管中的气体开始放电，使氖原子产生粒子数反转。储气室虽与毛细管相连，但气体放电仅在毛细管中进行，储气室的作用是维持毛细管内 He、Ne 气体的比例及总气压，以延长器件的寿命。放电管一般采用 GG17 玻璃，要求输出功率和频率稳定性好的器件可采用热胀系数小的石英玻璃。

激光管的电极分为阳极和阴极。阳极一般采用钨棒，阴极多采用电子发射率高而溅射率小的铝及其合金这类冷阴极材料。为增加电子发射面积，减小阴极溅射，阴极通常做成圆筒状，再用钨棒引至管外。

光学谐振腔的一个作用是提供光学正反馈，使激活介质时产生的辐射能多次通过介质，当受激辐射所提供的增益超过损耗时，在腔内得到放大、建立并维持自激振荡。它的另一个重要的作用是控制腔内振荡光束的特性，使腔内建立的振荡光子被限制在腔所决定的几个模式内，获得单色性好、方向性好的强相干光。

根据激光器放电管和谐振腔反射镜放置方式的不同，He-Ne 激光器可以分为内腔式、外腔式和半内腔式 He-Ne 激光器，如图 4－2 所示。

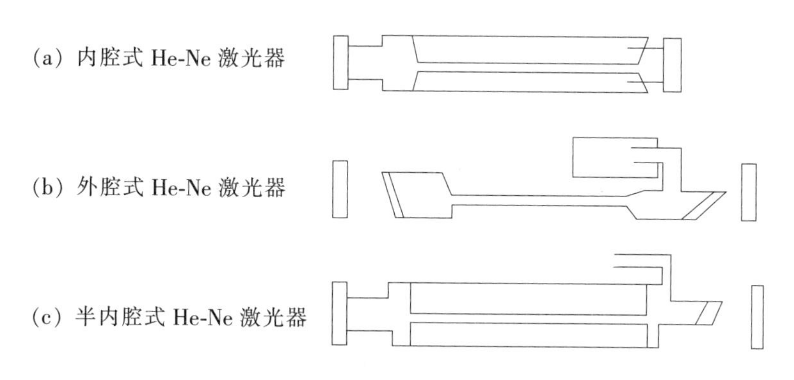

图 4－2　He-Ne 激光器的基本结构形式

内腔式 He-Ne 激光器如图 4－2（a）所示。谐振腔的两反射镜调整好后直接固定在放电管的两端。优点是使用时不必进行任何调整，非常方便，且腔内损耗小，有利于提高输出功率。缺点是工作过程中当毛细管受热变形时，谐振腔反射镜将偏离原已校准的状态，引起输出性能劣化。内腔式激光管的长度一般不超过 1m。

外腔式 He-Ne 激光器如图 4－2（b）所示。其结构特点是谐振腔反射镜与放电管分离，放电管两端封有布儒斯特窗（简称布氏窗）。外腔式 He-Ne 激光器的优点是放电管的热变形对谐振腔的影响很小，加之腔镜可调整，可以保证激光器在长期使用中输出稳定。布氏窗的加入，使激光器可获得线偏振光输出，偏振度一般大于 99%。外腔式结构可以很方便地在腔内插入其他光学元件，获得调频、调幅输出。其缺点是腔镜与放电管的相对位置容易改变，使用时需加以调整。

半内腔式 He-Ne 激光器如图 4－2（c）所示，其优缺点介于内腔式与外腔式之间。

本实验所用的是半内腔式 He-Ne 激光器，如图 4－3 所示。

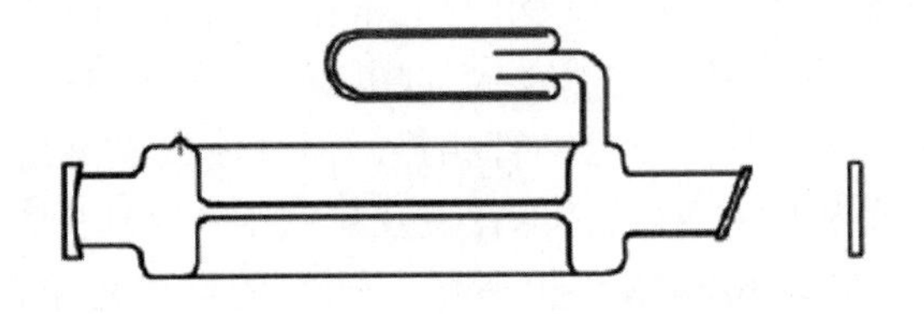

图 4－3　半内腔式 He-Ne 激光器

He-Ne 激光器的工作物质是氖原子，即激光辐射发生在氖原子的不同能级之间。He-Ne 激光器放电管中充有一定比例的氦气，主要起提高氖原子泵浦效率的辅助作用。

三、He-Ne 激光器的工作原理

He-Ne 激光器是利用原子中的电子能级之间的跃迁，它可以在 632.8nm、1.15μm、3.39μm 三个中的任何一个波长上实现激光振荡。He-Ne 激光器的部分能级结构见图 4－4，是典型的四能级系统。He 的 2^3s_1 和 2^1s_0 能级的能量分别为 19.73eV 和 20.73eV，其寿命分别为 10^{-4}s 和 5×10^{-5}s。两个都是亚稳能级。He 的这两个能级几乎与 Ne 的 2s 和 3s 两个能级分别重合。He 的 2^1s_0 能级比 Ne 的 $3s_2$ 能级仅低 0.048eV，He 的 2^3s_1 能级比 Ne 的 $2s_2$ 能级仅高 0.039eV。在 He-Ne 混合气体中进行直流放电时，高能电子把氦原子由基态激发到各种激发态中，在它们衰变到基态的过程中，大部分能量被长寿命的 2^3s_1 和 2^1s_0 能级收集。通过近共振能量转移，氖原子被激发到 $2s_2$ 和 $3s_2$ 能级上。过程 $2^1s_0\rightarrow3s_2$ 的碰撞截面 $s=4.1\times10^{-16}\mathrm{cm}^2$，比过程 $2^3s_1\rightarrow2s_2$ 的碰撞截面大一个量级，因而对 $3s_2$ 的激发概率大于对 $2s_2$ 的激发概率。这就是 He-Ne 激光器中的主要泵浦激发机制。

（1）0.632 8μm 振荡是由 $3s_2\rightarrow2p_4$ 跃迁形成的。上能级 $3s_2$ 寿命为 10^{-7}s，能级 $2p_4$ 寿命为 1.8×10^{-8}s，比 $3s_2$ 寿命短得多，因而满足反转分布条件。

由于 $2p_4$ 到基态的跃迁是禁戒的，因此，主要通过自发发射衰减到 1s 上。1s 态是一个亚稳态。1s 上的氖原子与电子碰撞后又会跃迁到激光下能级 $2p_4$ 上，同时还存在自发发射辐射的共振俘获，这两个过程都不利于 $2p_4$ 能级的抽空。1s 上的氖原子主要通过与放电管内壁的碰撞而回到基态，这就是所谓“管壁效应”。为了增加 Ne 原子与管壁的碰撞概率以加强管壁效应，尽快使激光下能级抽空以提高反转数，所以，He-Ne 激光器的放电管都使用毛细管。实验测得，0.632 8μm 的增益与毛细管直径成反比，即：

$$G=\frac{2.5\times10^{-4}}{d} \tag{4.1}$$

（2）1.15μm 振荡是由 $2s_2\rightarrow2p_4$ 跃迁形成的。对激光上能级 $2s_2$ 的泵浦是通过与 Ne 的 2^3s_2 的近共振能量转移来实现的。$2s_2$ 的寿命为 10^{-7}s。它的下能级与 0.632 8μm 跃迁过程所使用的相同，所以，也有利于管壁效应抽空 1s 能级，从而抽空 $2p_4$ 能级上的氖原子。

（3）3.39μm 振荡是由 $3s_2\rightarrow3p_4$ 跃迁形成的。其上能级与 0.632 8μm 振荡时的相同；下能级 $3p_4$ 的寿命为 10^{-8}s，下能级与基态间的跃迁是禁戒的，通过自发辐射衰变到 1s 能级上，因而也是靠管壁效应抽空激光下能级。

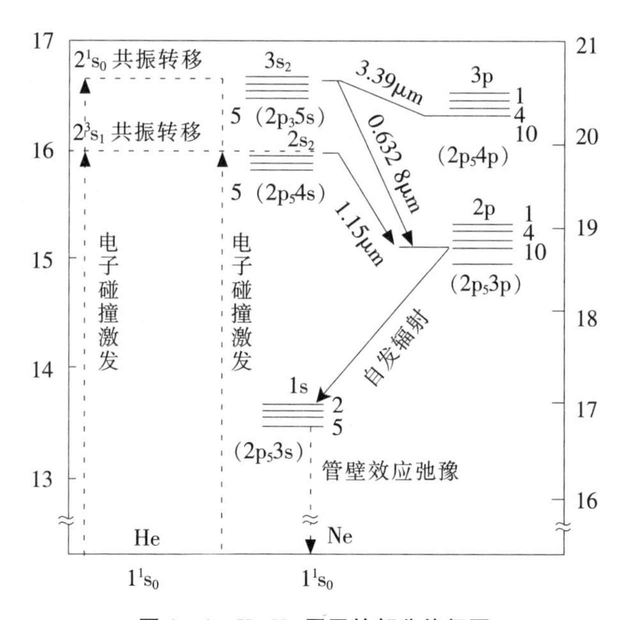

图4－4　He-Ne 原子的部分能级图

4.1.4　实验器材

半内腔式 He-Ne 激光器；激光器电源；功率计；功率计电源；台灯；十字叉丝板；导轨；滑块等。

4.1.5　实验内容与步骤

（1）根据半内腔式 He-Ne 激光器谐振腔共焦球面扫描干涉仪调节实验装置图安装所有器材。

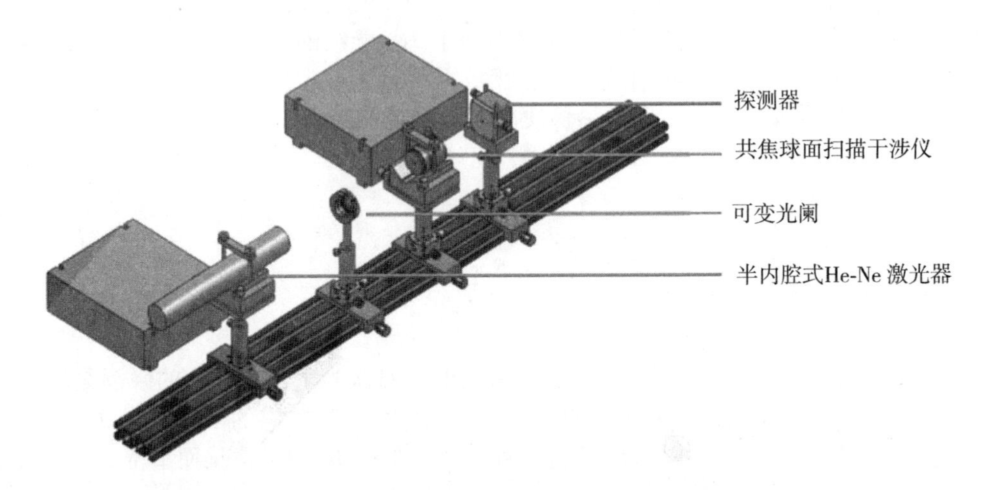

图4－5　共焦球面扫描干涉仪调节实验装置图

（2）调节半内腔式 He-Ne 激光器的谐振腔反射镜，使激光器正常出光。

①如图 4－5 所示放置十字叉丝板，将叉丝线朝向半内腔式 He-Ne 激光器。

②通过十字叉丝板中心的小孔，目视激光器的毛细腔。调整十字叉丝板小孔的位置，使得我们可以目视到毛细管另一端腔片上的极亮斑，并通过调节十字叉丝板，将亮斑调整到毛细管中心。

③打开实验桌上的台灯，使其照亮十字叉丝板，此时通过叉丝板小孔可以看见经照亮的十字叉丝板图案反射到半内腔式 He-Ne 激光器后腔反射镜表面上所成的像。此时，通过调节半内腔式 He-Ne 激光器的后腔反射镜旋钮，将十字叉丝像交点与毛细管内亮斑重合。

④重复步骤②③，直至激光器发光。

（3）使用功率计测量激光的功率（注意要选择激光器工作波长对应的挡位，详见功率计使用说明，且使用前要记得调零），微调半内腔式 He-Ne 激光器的后腔反射镜旋钮和后腔反射镜的位置，使激光的功率达到最大。

（4）更换其他曲率的后腔反射镜后，重复步骤（2）（3）。

4.1.6　注意事项

（1）激光器是在高压环境下工作的，所以在接电过程中要注意安全，按顺序接通激光器。

（2）禁止在光路上放置与实验无关的反光材料，以免激光反射入人眼。

（3）严禁用手触摸光学表面。

（4）在布氏窗下面一定要固定一个滑块，以阻挡其他光具意外碰到布氏窗。

（5）在导轨上移动光具时，不要用力过猛。

4.2　共焦球面扫描干涉仪调节实验

4.2.1　预习

（1）预习共焦球面扫描干涉仪的结构和工作原理。

（2）预习共焦球面扫描干涉仪的使用方法。

（3）预习激光器的纵模的模式分析。

4.2.2　实验目的

（1）了解共焦球面扫描干涉仪的结构及其工作原理。

（2）掌握测量共焦球面扫描干涉仪的两个重要性能参数：自由光谱范围和精细常数。

（3）了解激光器的模式分析和激光器的纵模。

4.2.3　实验原理

图 4－6 为共焦球面扫描干涉仪的结构示意图。

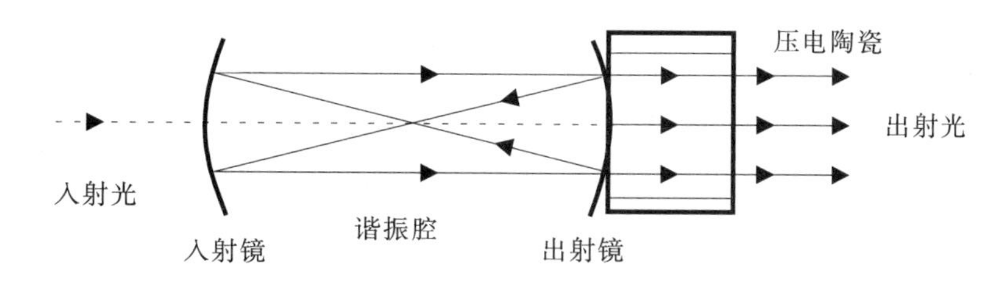

图 4－6　共焦球面扫描干涉仪的结构示意图

共焦球面扫描干涉仪是一种分辨率很高的光谱仪，可用于高精度光谱分析、滤波器和选频器等。

共焦球面扫描干涉仪是由两个曲率半径相等、镀以低损耗高反射涂层的球面反射镜组成，它们之间的距离 L 等于曲率半径 R，构成一个共焦系统，如图 4－6 所示。当某一波长为 λ 的光束在接近轴上入射到干涉仪内时，光束在谐振腔内反射，在忽略反射镜球差的情况下，这些反射光线经一闭合光路，即光线在干涉仪内经四次反射以后是重合的，它们的光程差为：

$$\Delta = 4nL \tag{4.2}$$

从图 4－7 中可看出，一入射光束有两组透射光，一组是反射 $4m$ 次（第Ⅰ型），一组是反射（$4m+2$）次（第Ⅱ型），m 是正整数。设反射镜的反射率为 r，透过率为 t，且吸收率为 a，I 为入射光强，则干涉仪的透射光强如下：

第Ⅰ型：

$$I_1 = I_0\left(\frac{t}{1-r^2}\right)^2 \frac{1}{1+\left(\frac{2r}{1-r^2}\right)^2 \times \sin^2\beta} \tag{4.3}$$

第Ⅱ型：

$$I_2 = r^2 \times I_1 \tag{4.4}$$

其中，$\beta = \frac{4\pi nL}{\lambda}$。当 $\sin^2\beta = 0$，即 $\beta = m\pi$，m 为整数时，透过率为最大值。

对于第Ⅰ型，

$$T_1 = \left(\frac{t}{1-r^2}\right)^2 \tag{4.5}$$

仪器总透过率为：

$$T = T_1 + T_2 \tag{4.6}$$

考虑到 $r \to 1$，$a \leqslant 1$，$t \leqslant 1$，那么

$$T \simeq 2T_1 = \frac{1}{2\left(1+\frac{\alpha}{t}\right)^2} \tag{4.7}$$

同时从 $\beta = m\pi$ 可得：

$$4nL = m\lambda \ (n=1) \tag{4.8}$$

式（4.7）为共焦球面扫描干涉仪的透过率公式，式（4.8）为该干涉仪的干涉方程式。

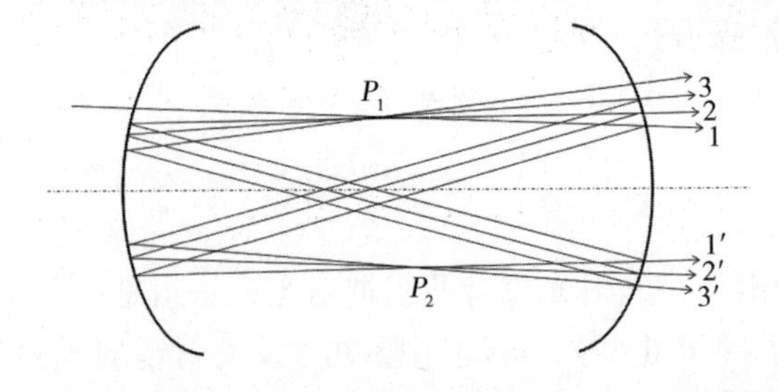

图 4－7　入射光线在共焦球面扫描干涉仪中的四次反射

根据式（4.8），改变镜间距离L或镜间介质折射率n，可以实现光谱扫描。例如利用压电陶瓷驱动一个镜片，镜片在轴线上做微小移动，以改变镜间距离；或者通过改变气压，从而使两反射镜间的空气折射率发生变化，便可以得到扫描光谱。

扫描干涉仪有两个重要的性能参数，即自由光谱区和精细常数。下面分别对它们进行讨论。

一、共焦球面扫描干涉仪的自由光谱区

根据式（4.8），干涉仪的共振波长是干涉仪的腔长l的线性函数，当L变化$\lambda/4$时，改变了一个干涉级次，相应的波长变化范围为：

$$\Delta\lambda = \frac{\lambda^2}{4nl} \tag{4.9}$$

如果以频率计算，则有：

$$\Delta\nu = \frac{c}{4nl} \tag{4.10}$$

其中c是光速，$\Delta\lambda$或$\Delta\nu$叫作干涉仪的自由光谱区。

本实验中，用示波器观察He-Ne激光器的纵模分布，如图4－8所示。

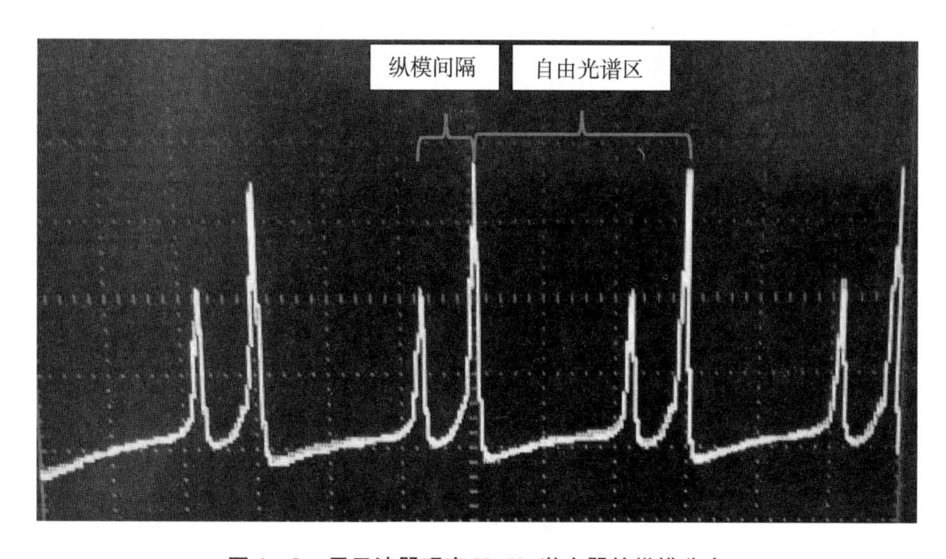

图4－8　用示波器观察He-Ne激光器的纵模分布

这时用来衡量纵模间隔的是时间差Δx。设两个纵模时间间隔为Δx_1，自由光谱区时间间隔为Δx_2。

本实验中内腔式He-Ne激光器的纵模间隔可用以下公式求得：

$$\Delta\nu_1 = \frac{c}{2nl} \tag{4.11}$$

已知本实验中内腔式 He-Ne 激光器的腔长 $L = 250\text{mm}$，所以，自由光谱区 $\Delta\nu$ 可用下式求得：

$$\Delta\nu = \Delta\nu_1 \frac{\Delta x_2}{\Delta x_1} \tag{4.12}$$

二、共焦球面扫描干涉仪的精细常数

干涉仪的自由光谱区与分辨极限之比为仪器精细常数：

$$F = \frac{\Delta\nu}{\delta\nu} \tag{4.13}$$

精细常数 F 表示在自由光谱区内包含可分辨光谱元的数目，它是反映干涉仪性能的一个重要参量。影响干涉仪精细常数的主要因素有反射镜的反射率、球面反射镜的平面度等。

4.2.4 实验器材

内腔式 He-Ne 激光器；激光管夹持器；激光器电源；示波器；共焦球面扫描干涉仪；共焦球面扫描干涉仪控制器；可变光阑；探测器；十字叉丝板；导轨；滑块等。

4.2.5 实验内容与步骤

（1）根据共焦球面扫描干涉仪调节实验装配图安装、连接所有的器材。

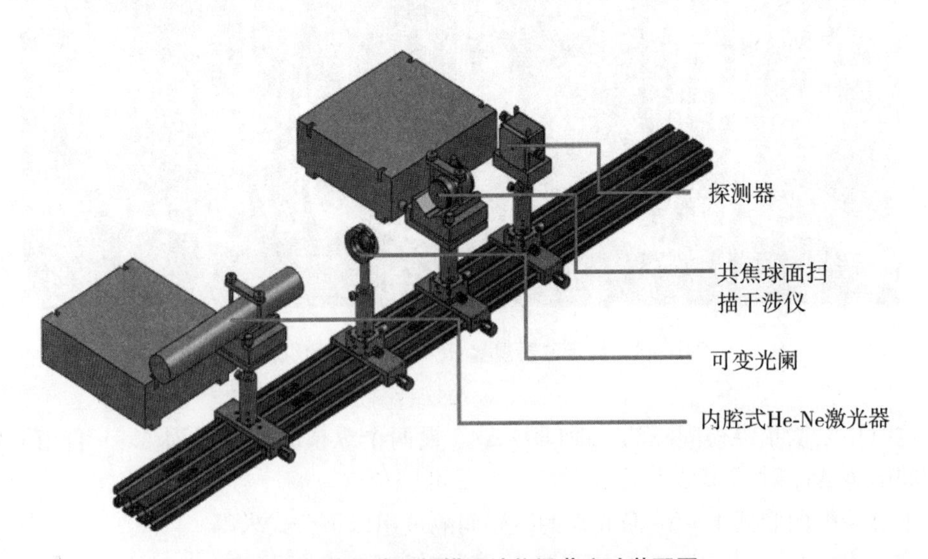

图 4－9　共焦球面扫描干涉仪调节实验装配图

①连接共焦球面扫描干涉仪与共焦球面扫描干涉仪控制器、探测器和示波器：共焦球面扫描干涉仪控制器的锯齿波检测连接示波器信号源 1，信号输出连接示波器信号源 2。调节设置示波器时，要触发锯齿波（信号源 1），才能使信号稳定；锯齿波输出接干涉仪探头。

②打开各仪器电源，调节示波器触发方式为直流，触发通道为锯齿波检测通道。调节合适的扫描时间与信号度。

③打开示波器信号，探测通道的“反相”。

（2）对所有器材进行调节。

①固定好内腔式 He-Ne 激光器，再调节好各器材使其同轴等高，固定十字叉丝板的高度和孔径，调节激光管夹持器的旋钮，使出射光在近处和远处都能通过可变光阑，完成内腔式 He-Ne 激光器的准直。

②调节共焦腔旋钮，使得共焦腔内腔镜反射的一个较大散射光斑与一个小光斑发射在可变光阑上，并与可变光阑基本同心。

③调节共焦腔支架旋钮，使得共焦腔后端输出的光斑重合。

④调节探测器位置，使得示波器输出的探测信号最强。

⑤继续微调共焦腔支架旋钮，使得示波器信号通道探测的信号峰值最窄。

⑥调节扫描干涉仪的调制幅度，确保在一个锯齿波周期内出现两个序列的纵模分布。

（3）使用示波器的光标测量功能，测量纵模时间间隔 Δx_1 和周期间隔 Δx_2。

（4）已知被测 He-Ne 激光器腔长 L 为 250mm，根据公式 $\Delta\nu_1=\dfrac{c}{2nl}$和 $\Delta\nu=\Delta\nu_1\dfrac{\Delta x_2}{\Delta x_1}$，计算共焦球面扫描干涉仪的自由光谱区。

（5）根据公式 $\Delta\nu_1=\dfrac{c}{4nl}$得出 $l=\dfrac{L}{2}\dfrac{\Delta x_1}{\Delta x_2}$，计算共焦球面扫描干涉仪的腔长（腔长参考值为 30.2mm）。

4.2.6　注意事项

（1）激光器是在高压环境下工作的，所以在接电过程中要注意安全，按顺序接通激光器。

（2）禁止在光路上放置与实验无关的反光材料，以免激光反射入人眼。

（3）在导轨上移动光具时，不要用力过猛。

（4）一般情况下，干涉仪距离 He-Ne 激光器 15cm（太近，干涉仪对激光器有反馈），接收器离干涉仪 20 ~ 30cm 即可（太近，波形中间的波峰难去除，如果信号不够强，可以移近接收器）。对于不同的激光器，两个调整架距离是不同的。一般来说，激光器输出镜的反射率高时，干涉仪和激光器可以离得近些；激光器输出镜的反射率低时，干涉仪和激光器可以离得远一些。

（5）共焦球面扫描干涉仪控制器工作频率过高会影响锯齿波波形，建议使用 10 ~

50Hz 的频率进行测量，可以先把“频率”旋钮逆时针旋转到底，然后顺时针方向旋转以逐渐提高工作频率，直至得到所需频率。

4.3 氦氖激光纵模正交偏振与模式竞争观测实验

4.3.1 预习

（1）预习激光器的激光频率分裂原理和纵模的正交偏振理论。

（2）预习激光模式竞争理论。

（3）预习观测模式竞争的实验方法。

4.3.2 实验目的

（1）掌握激光频率分裂原理和纵模的正交偏振理论。

（2）掌握激光模式竞争理论。

（3）了解氦氖激光纵模正交偏振与模式竞争观测实验的光路调节。

4.3.3 实验原理

一、激光频率分裂原理和纵模的正交偏振理论

激光器正交偏振是指激光器相邻的频率具有互相垂直的偏振状态。

正交频率是由于激光频率分裂效应而产生的。自 1985 年起，清华大学精密测试技术及仪器国家重点实验室就在激光器谐振腔内置入晶体石英片作为双折射元件，由于此双折射元件对寻常光（o 光）和非寻常光（e 光）有不同的折射率，原本唯一的谐振腔长“分裂”为物理长度不同的两个腔长。谐振腔长不同，谐振频率随之不同，即发生了频率分裂，一个激光频率变成了两个。

从激光原理可知，驻波（管状）激光器谐振腔长 L 和激光频率 ν 之间满足以下关系：

$$\nu = \left(\frac{c}{2L}\right) \cdot q \tag{4.14}$$

其中，q 是一个很大的正整数，而且有：

$$\Delta = \nu_{q+1} - \nu_q = \frac{c}{2L} \tag{4.15}$$

$$d\nu = -\frac{\nu}{L}dL \tag{4.16}$$

Δ 为纵模间隔；$d\nu$ 是激光腔长改变一个 ΔL 后频率的改变量；ΔL 是同一时刻不同偏振

态的腔长差，ΔL 的存在造成一个频率分裂量 $\mathrm{d}\nu$。按物理光学的习惯，双折射元件造成的 o 光和 e 光的光程差由 δ 表示，即为式（4.16）中的 $\mathrm{d}L$。在实际应用中，人们并不关心频率差 $\mathrm{d}\nu$ 的正负号，而且在已有的全部探测 $\mathrm{d}\nu$ 的方法中，也不能判定 $\mathrm{d}\nu$ 的正负，因此式中的负号常常被略去并将 $\mathrm{d}\nu$ 写成 $\Delta\nu$：

$$\Delta\nu = \frac{\nu}{L}\delta \tag{4.17}$$

若以 $\Delta\varphi$ 表示相位差（角度或弧度），又因为：

$$\delta = \left(\frac{\Delta\varphi}{360^\circ}\right) \cdot \lambda = \left(\frac{\Delta\varphi}{2\pi}\right) \cdot \lambda \tag{4.18}$$

所以有：

$$\Delta\nu = \frac{c}{L} \cdot \left(\frac{\Delta\varphi}{360^\circ}\right) = \frac{c}{L} \cdot \left(\frac{\Delta\varphi}{2\pi}\right) \tag{4.19}$$

定义频率分裂量 $\Delta\nu$ 与激光纵模间隔 $\Delta = \frac{c}{2L}$的比值为相对频率分裂量 K，即

$$K = \frac{\Delta\nu}{\Delta} = \frac{\Delta\nu}{\frac{c}{2L}} = \frac{\delta}{\frac{\lambda}{2}} \tag{4.20}$$

$$K = \frac{\Delta\varphi}{180}\text{或 } K = \frac{\delta}{\frac{\lambda}{2}} \tag{4.21}$$

在激光器谐振腔内放入一片石英晶体，或将石英晶片作为腔镜基片使用（其内表面镀增透膜以大大减小界面光损耗，外表面镀高反射膜作为腔镜镜面），即可产生激光频率分裂。石英晶片使通过它的光束形成正交线偏振光。晶体石英双折射使两种光成分具有光程差 δ。在不考虑旋光性时，有：

$$\delta = (n'' - n')h \tag{4.22}$$

$$n' = n_0,\quad n'' = \left(\frac{\sin\theta}{n_e^2} + \frac{\cos^2\theta}{n_o^2}\right)^{-\frac{1}{2}} \tag{4.23}$$

式中，h 是晶片厚度；n'和 n''分别是 o 光和 e 光折射率；n_e 和 n_o 分别是晶体石英的两个主折射率；θ 是石英晶体的晶轴和光线之间的夹角，有时称其为石英晶体调谐角。通

过改变 h 和 θ 的大小可以改变频差的大小；由式（4.19）和式（4.21）可得 $\Delta\nu$。

在《正交线偏振激光器原理与应用（Ⅰ）——正交线偏振激光的产生机理和器件研究》中，作者详细解释了通过旋转晶片而改变频率分裂大小的过程。图 4－10 和图 4－11 分别是本文作者使用的实验装置和实验结果。M_1 为球面全反镜，M_2 为平面输出镜，T 为激光增益管，Q 为石英晶体，其晶轴与它的面法线一致，W 为增透窗片，θ 为晶体光轴与激光夹角，SI 为扫描干涉仪，P 为偏振片，OS 为示波器，PZT 为压电陶瓷，其上加电压 V，所得频率分裂和转角的关系是非线性的，并且有畸变现象。畸变现象在图 4－11 中表现为：从 0°～2.8°，尽管晶片有双折射，但激光频率并不分裂（这是由于模式竞争效应）。在 2.8°时，一个频率在原有频率旁“突跳”出来。$\Delta\nu$ 即达到 42MHz。同时，原有频率的强度在这一突跳中下降一半，转移给了新的频率。当 θ 在 2.8°～7.2°的范围内，频率分裂随着 θ 的增大而增加，直到 273MHz（$K=\frac{\Delta\nu}{\Delta}=0.67$）。在 7.2°～10°，频率分裂随着 θ 的增加而减小，直到减小至 0MHz。θ 在 10°～12.8°之间，$\Delta\nu$ 随着 θ 的增加而增加。在 12.8°～15.2°之间，频率分裂随着 θ 的增加而减小。只根据石英晶体的双折射效应，即按照式（4.21）只能有在 0°～90°范围内是单调上升的结论，不能解释这一曲线的前两个“周期”的形状。

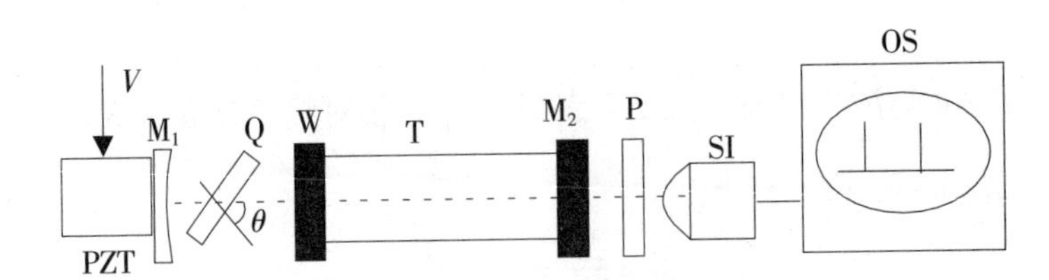

图 4－10　腔内晶体石英造成激光频率分裂的实验装置

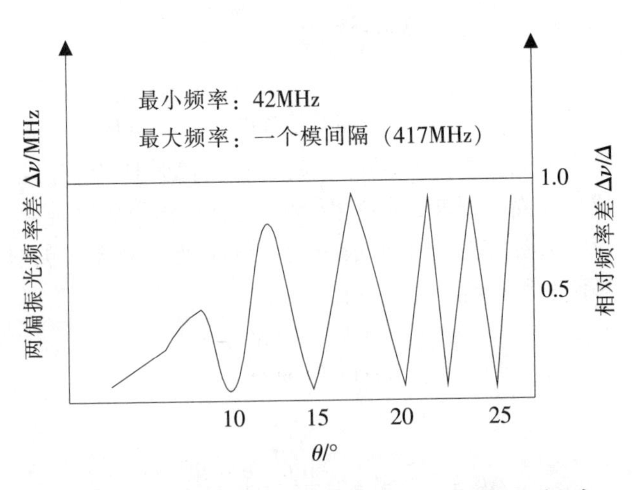

图 4－11　腔内石英晶体旋转造成的激光频率分裂现象

本实验是通过旋转偏振片来观察激光频率分裂的现象的。具体表现为通过旋转光路上的偏振片，可以在示波器上观察到有规则的变化，如图 4－12 所示。假设偏振片在0°时示波器上在一个周期内只有两个脉冲，当偏振片在一定角度内旋转时，由于模式竞争效应，激光频率并不分裂；继续旋转偏振片时，则会发现从旋转到某一角度开始，一个频率在原有频率旁冒了出来。继续旋转，会发现原来的频率的强度下降一半，转移给了新的频率，则此时原来频率的强度和新的频率的强度一样。继续旋转偏振片，会发现原有的频率会变弱，而在原有频率旁冒出来的频率会随着原有频率的变弱而增强，直至原有的频率消失。接着旋转偏振片，频率呈现上述周期的变化。而当偏振片旋转到180°后，示波器上会出现偏振片为0°时的现象。所以，可以知道此时氦氖激光器的偏振态为正交偏振。

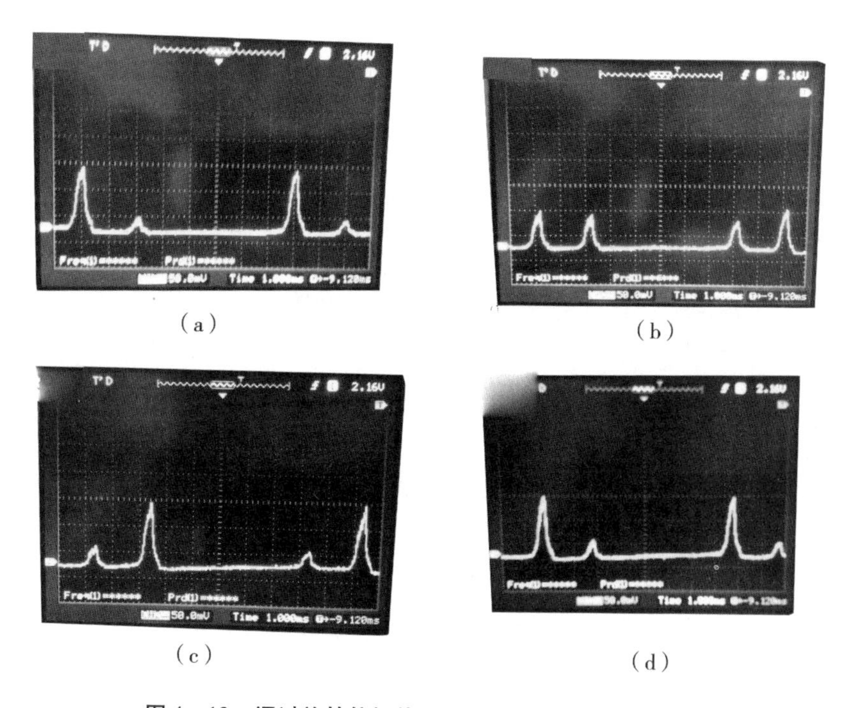

(a)　(b)　(c)　(d)

图4-12　通过旋转偏振片观察到的激光频率分裂现象

二、激光模式竞争理论

1. 均匀加宽激光器的模式竞争

假设腔内有一频率为ν的模式起振，起初小信号增益$G^0(\nu)$大于G_{th}，腔内光强逐渐增长。由于饱和效应，增益$G(\nu, I_\nu)$随光强I_ν的增长而下降。但只要$G(\nu, I_\nu) > G_{th}$，I_ν就会继续增长，造成增益系数$G(\nu, I_\nu)$的继续下降，直到

$$G(\nu, I_\nu) = G_{th} = \frac{\delta}{l} \tag{4.24}$$

其中，l为激光器内工作物质的长度，$\delta = aL$为光腔的单程损耗因子，a为损耗系数，L为腔长。

当式（4.24）满足，光强 I_ν 不再增长时，激光器进入稳定的工作状态。

对于均匀加宽工作物质，由于每个粒子对不同频率处的增益都有贡献，所以，当某一频率 ν_A 的光强增长时，会消耗反转粒子数，使得整个增益曲线均匀下降，直到式（4.24）的条件得以满足，达到稳定的工作状态，如图 4－13 所示。

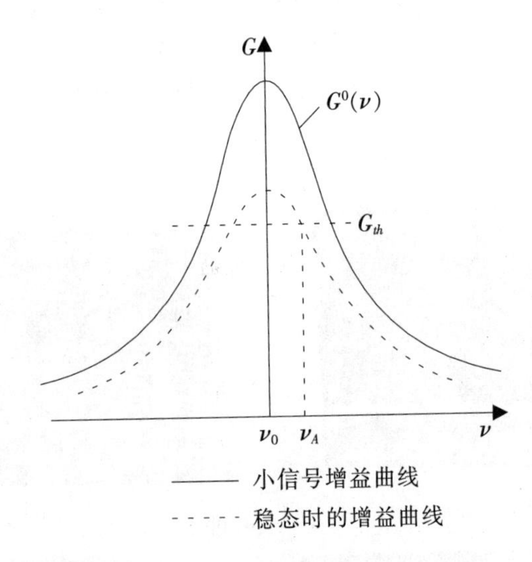

图 4－13　均匀加宽激光器的稳态工作状态

现在考虑频率分别为 ν_1 和 ν_2，光强分别为 I_1 和 I_2 的两个模，令其相应的增益系数分别为 $G_1=G(\nu_1,\ I_1,\ I_2)$ 和 $G_2=G(\nu_2,\ I_1,\ I_2)$，且小信号增益系数满足：

$$G_1^0>G_2^0>G_{th}^0 \tag{4.25}$$

这样，开始时两个模都能起振，I_1 和 I_2 逐渐增大。增益曲线则因饱和效应而随之下降，如图 4－14 所示，直至下降到曲线 A 的位置时，有：

$$G_2=G_{th} \tag{4.26}$$

因而 I_2 不再增长。但由于仍有 $G_1=G_{th}$，故 I_1 继续增长，增益曲线继续下降，致使 $G_2<G_{th}$，I_2 下降，模 ν_2 熄灭。当增益曲线下降到曲线 B 的位置时，有：

$$G_1=G_{th} \tag{4.27}$$

这时，I_1 亦停止增长，增益曲线不再下降，激光器在频率 ν_1 处稳定工作。上述现象称为模式竞争。

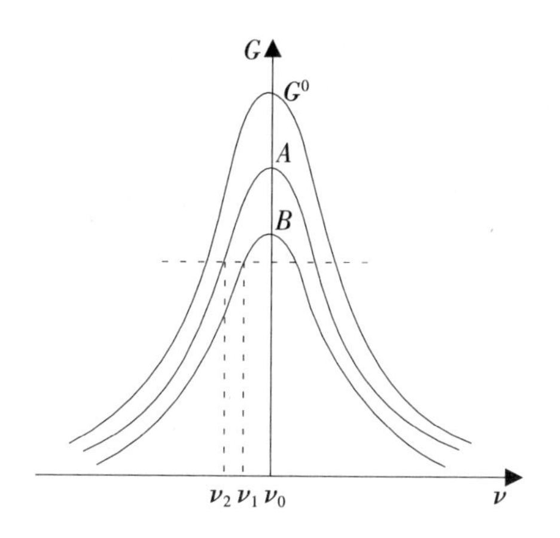

图 4－14　均匀加宽激光器中的模式竞争

如果有更多频率的光具有大于 G_{th} 的小信号增益系数，则相应地会有更多的模起振并参与如上所述的竞争过程，而最终形成稳定振荡的只有一个模，其频率最靠近工作物质的中心频率 ν_0。因此，在均匀加宽激光器中，增益的均匀饱和使其具有自选模作用。

然而在实际激光器中，当激发较强时，可能存在其他较弱的模式。这是增益的空间烧孔效应造成的。

对于驻波腔来说，当频率为 ν_1 的纵模在腔内形成稳定振荡时，腔内形成一个驻波场，波腹处光强最大，波节处光强最小，如图 4－15（a）所示。因此，虽然频率为 ν_1 的纵模（简称 ν_1 模）在腔内的平均增益系数等于 G_{th}，但实际上不同位置处的增益系数和反转粒子数密度饱和效应不同。波腹处增益系数和反转粒子数密度最小，而波节处增益系数和反转粒子数密度最大，如图 4－15（b）所示，这一现象称为增益的空间烧孔效应。此时，如果另一频率为 ν_2 的纵模，其在腔内形成的驻波场的波腹和 ν_1 模的波节重合，则可能获得较高的增益，形成较弱的振荡，如图 4－15（c）所示。由于轴向空间烧孔效应，不同纵模可以使用不同空间的反转粒子而同时产生振荡，这一现象称为纵模的空间竞争。

同样，由于激光器不同横模的光场分布不同，造成横截面内光场分布的不均匀性，从而形成横向的空间烧孔。不同横模分别使用不同空间的激活粒子，因此当激励足够强时，可能形成多横模振荡。

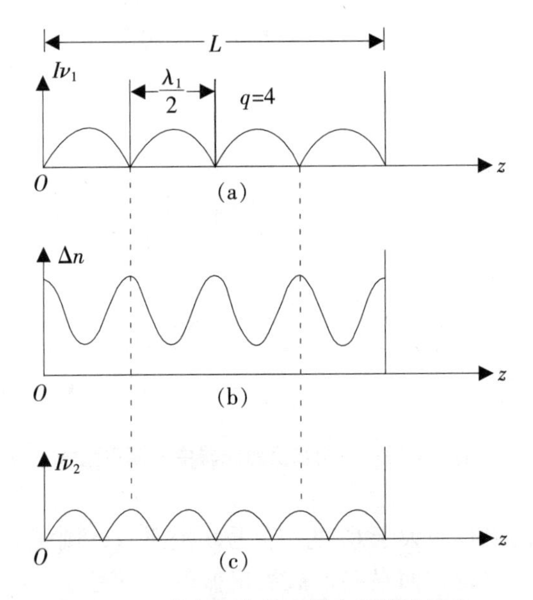

图 4－15　均匀加宽激光器空间烧孔效应

2. 非均匀加宽激光器的多模振荡

在非均匀加宽激光器中，由于 ν_1 模只消耗表观中心频率为 ν_1 和 $2\nu_0-\nu_1$ 的反转粒子数，引起这两个频率增益系数的下降，对其他频率的增益系数没有影响，因此，只要纵模间隔大于烧孔宽度，各纵模之间就基本没有影响，所有小信号增益系数大于阈值增益系数的纵模均能形成稳定振荡。非均匀加宽激光器一般是多纵模振荡，且振荡模式数目随着外界激励的增强而增多。

在非均匀加宽激光器中也存在模式竞争，主要出现在两种情况下。一种情况是当纵模间隔小于烧孔宽度时，相邻纵模之间的烧孔有重叠，这两个纵模会竞争重叠部分的反转粒子。另一种情况是当 $\nu_q=\nu_0$ 时，ν_{q+1}模和 ν_{q-1}模的烧孔位置完全重合，这两个模之间就会竞争反转粒子。

4.3.4　实验器材

内腔式 He-Ne 激光器；激光管夹持器；激光器电源；示波器；共焦球面扫描干涉仪；共焦球面扫描干涉仪控制器；偏振片；探测器；接收器；导轨；滑块等。

4.3.5　实验内容与步骤

（1）按照实验 4.2 的步骤，安装好内腔式 He-Ne 激光器、共焦球面扫描干涉仪等仪器，并在原来光路的基础上，将可变光阑更换成偏振片，得到如图 4－16 所示的实验装置图。

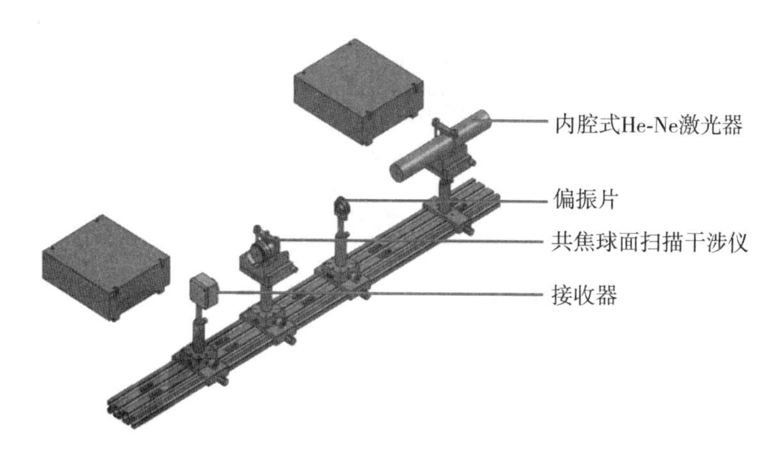

图 4－16　氦氖激光纵模正交偏振与模式竞争观测实验装置图

（2）旋转光路上偏振片的偏振角度，观察示波器中纵模序列的变化情况，可以发现周期性地出现如图 4－12（a）、（b）、（c）所示的模式竞争现象。当偏振片旋转到（$\theta+180°$）后，示波器上会出现偏振片为 θ 时的现象，如图 4－12（a）、（d）所示。

（3）验证 He-Ne 激光器的偏振态为正交偏振，并把现象记录到表 4－1 中。（注意：半内腔式 He-Ne 激光器放电管的热变形对谐振腔的影响很小，加之后腔反射镜可调节，可以保证激光器在长期使用中输出稳定。布氏窗的加入，使激光器可获得线偏振光输出，所以如果使用半内腔式 He-Ne 激光器来做此实验，则无法观测到正交偏振现象。）

表 4－1

偏振片旋转角	偏振态（以简图形式表示）

（4）取下光路中的偏振片，得到如图 4－17 所示的实验装置图。

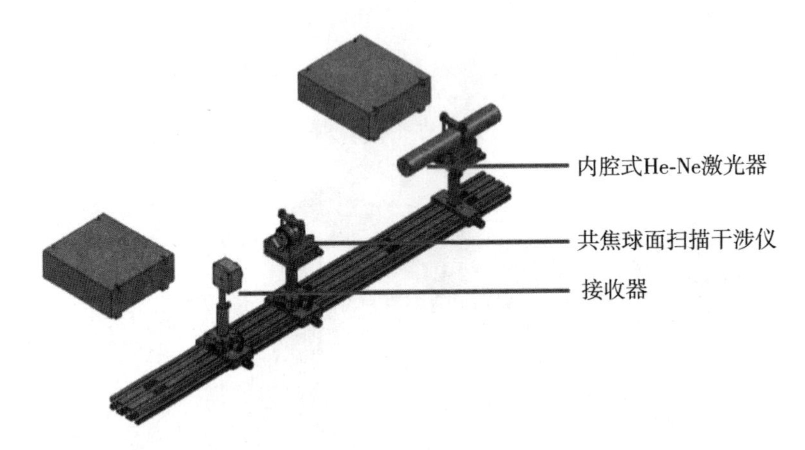

图 4-17　取下偏振片氦氖激光纵模正交偏振与模式竞争观测实验装置图

（5）当 He-Ne 激光器激光管周围的气流和温度发生变化时，激光器腔长会发生微小变化，此时观察激光纵模模式竞争现象。（注：此实验在氦氖激光器开机预热时观察，现象更明显。）

4.3.6　注意事项

（1）激光器是在高压环境下工作的，所以在接电过程中要注意安全，按顺序接通激光器。

（2）禁止在光路上放置与实验无关的反光材料，以免激光反射入人眼。

（3）在导轨上移动光具时，不要用力过猛。

4.4　高斯光束参数测量实验

4.4.1　预习

（1）预习高斯光束的基本知识。

（2）预习高斯光束主要参数的测量方法。

（3）预习光斑分析软件的使用方法。

4.4.2　实验目的

（1）了解高斯光束的基本性质和主要参数。

（2）掌握高斯光束主要参数的测量方法。

4.4.3　实验原理

在电磁辐射的标量场近似时，对光现象起主要作用的电矢量所满足的波动方程，可以简化为赫姆霍茨方程。各种类型的高斯光束则是赫姆霍茨方程在缓变振幅近似下的特解。已知由稳定谐振腔输出的基模激光束是高斯光束，它可以很好地描述激光束的性质；而由非稳定谐振腔输出的基模光束经准直后，其远场的强度分布也近似于高斯分布。

在稳定腔中，在慢变化振幅近似下，基模高斯光束是赫姆霍茨方程的特解。腔内沿 z 轴方向传播的基模高斯光束的解析式为：

$$E_{00}(x,\ y,\ z)\ =\ \frac{E_0\omega_0}{\omega(z)}\mathrm{e}^{-\frac{(x^2+y^2)}{\omega^2(z)}}\mathrm{e}^{-i\left[kz-\arctan\frac{z}{f}+\frac{k(x^2+y^2)}{2R(z)}\right]} \tag{4.28}$$

其中，

$$\omega(z)=\omega_0\sqrt{1+\left(\frac{z}{f}\right)^2} \tag{4.29}$$

$$R(z)=z\left[1+\left(\frac{f}{z}\right)^2\right] \tag{4.30}$$

$$f=z_R=\frac{\pi\omega_0^2}{\lambda} \tag{4.31}$$

ω_0 为基模高斯光束的腰斑半径；$\omega(z)$ 为传播轴线上 z 坐标处光束等相位面上的光斑半径；$R(z)$ 为传播轴线上 z 坐标处光束等相位面的曲率半径；f 称为高斯光束的瑞利长度或共焦参数，$\omega(z)$、$R(z)$ 与 f 为表征基模高斯光束特征的三个重要参量。

上述四个式子描述了高斯光束在自由空间的光场分布以及传播特点，表明高斯光束具有以下基本性质：

（1）场振幅分布与光斑半径。

在 z 为常数的横截面内，基模高斯光束的场振幅分布按高斯函数 $\mathrm{e}^{-\frac{x^2+y^2}{\omega^2(z)}}$ 的形式以传播轴线为中心向外平滑地减小。场振幅减小至中心值的 1/e 处所定义的光斑半径为式（4.29），光斑半径 $w(z)$ 为坐标 z 的双曲线函数，其对称轴为 z 轴，有：

$$\frac{\omega^2(z)}{\omega_0^2}=\frac{z^2}{f^2}=1 \tag{4.32}$$

在 $z=0$ 处，$w(z)=w_0$，光斑半径达到极小值，如图 4－18 所示。

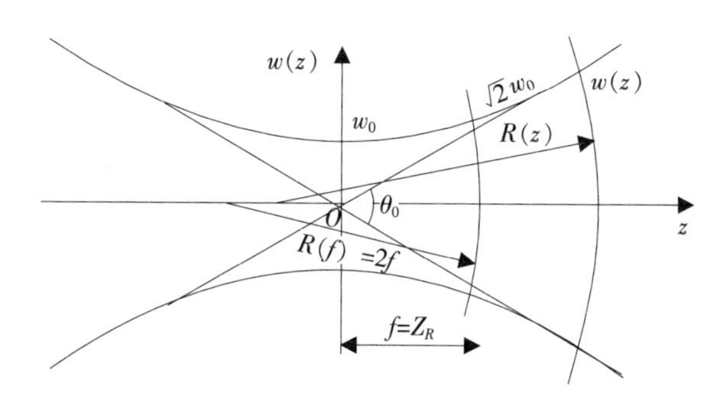

图 4－18　基模高斯光束及其参数

（2）相移。

由式（4.28）可知，基模高斯光束的总相移为：

$$\varphi(x,\ y,\ z)=k\left[z+\frac{x^2+y^2}{2R(z)}\right]-\arctan\frac{z}{f} \tag{4.33}$$

上式描述高斯光束在坐标点（x，y，z）处相对于原点处（0，0，0）的相位滞后。其中，kz 为几何相移；因子 $\frac{x^2+y^2}{2R(z)}$ 表示与横向坐标（x，y）有关的相移；$\arctan\frac{z}{f}$表示高斯光束在空间传播距离 z 时相对于几何相移产生的附加相位超前。

（3）等相位面。

等相位面一般是指由具有相同相位的点所构成的空间曲面。在近轴条件下，高斯光束的等相位面是曲率半径为 $R(z)$的球面，由式（4.30）决定，$R(z)$与 z 的关系曲线如图 4－19 所示。

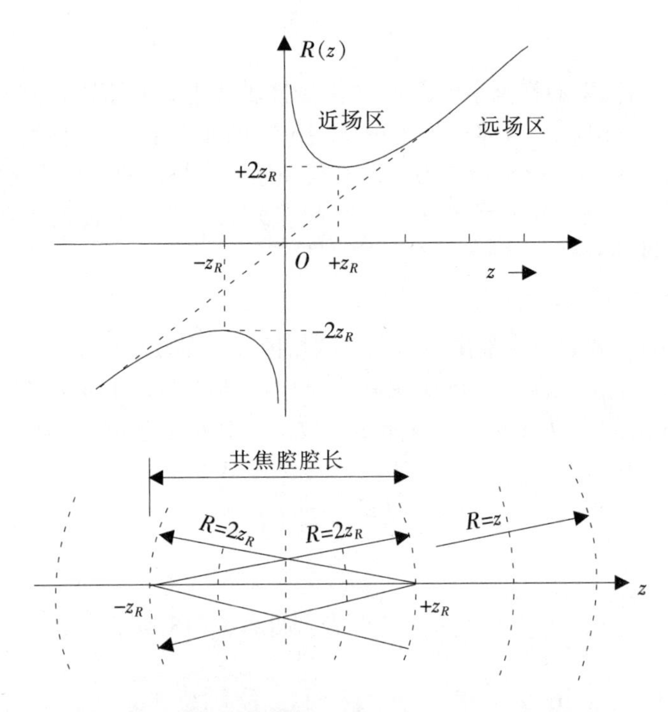

图 4－19　等相位面的曲率半径 $R(z)$与 z 的关系曲线

$R(z)$传播距离 z 的变化规律：

①$z=0$，$R(z)\to\infty$，等相位面为平面，且等相位面位于束腰处；$z=\pm\infty$，$R(z)\approx z\to\infty$，离束腰无限远处的等相位面亦为平面，且曲率中心亦位于束腰处。

②$z=\pm f$，$R(z)=2f$，$R(z)$ 达到极小值。

③$z\gg f$，$R(z)\to z$，表明等相位面近似半径为 z 的球面，其曲率中心位于束腰处。

需要注意的是，高斯光束等相位面的曲率中心是随光束的传播而移动的，并非一个固定的点。

（4）瑞利长度。

由式（4.31）可知，瑞利长度的物理意义为：当 $|z|=f$ 时，$w(f)=\sqrt{2}w_0$，即瑞利长度为光斑半径由束腰 w_0 增大至束腰的 $\sqrt{2}$ 倍时所对应的长度。在实际应用中，将 $z=\pm f$ 的范围叫作高斯光束的准直范围，在该范围内，可近似认为高斯光束是平行的。显然，光束的束腰半径越大，瑞利长度越长，则光束的准直范围越大。

（5）远场发散角。

高斯光束的远场发散角 θ_0（半角）一般定义为：当 $z\to\infty$ 时，高斯光束的振幅减小至其中心最大值处 1/e 与 z 轴的夹角，即

$$\theta_0=\lim_{z\to\infty}\frac{\omega(z)}{z} \tag{4.34}$$

将式（4.29）代入上式求极限得：

$$\theta_0=\frac{\lambda}{\pi\omega_0}=\sqrt{\frac{\lambda}{\pi f}} \tag{4.35}$$

式（4.35）表明，光束的束腰半径 w_0 越小，则远场发散角 θ_0 越大。

由以上讨论可知，在近轴条件下，可将基模高斯光束视为一种非均匀球面波，其曲率中心在传播过程中不断变化，等相位面保持为球面（在特殊范围内为平面），在横截面内的振幅分布为高斯函数形式。

4.4.4　实验器材

内腔式 He-Ne 激光器；激光管夹持器；激光器电源；COMS 相机；衰减片；导轨；滑块等。

4.4.5　实验内容与步骤

（1）根据高斯光束参数测量实验装置图（图 4-20）安装所有的器材。

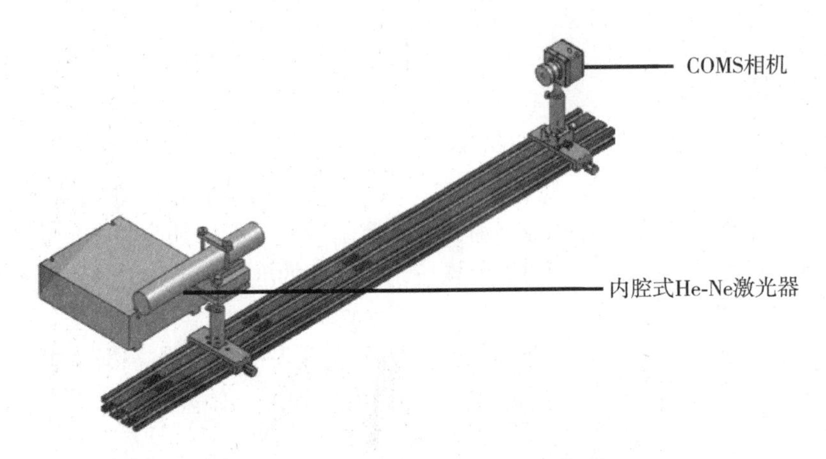

图4-20　高斯光束参数测量实验装置图

（2）按照4.2的步骤（2），完成内腔式He-Ne激光器的固定和准直。

（3）安装COMS相机（装上适量衰减片），并通过USB数据线使得COMS相机与电脑相连。适当调节COMS相机的位置，使内腔式He-Ne激光器射出的激光束能够垂直打到相机靶面上，并且使COMS相机反射回去的光斑与原光斑重合。

（4）打开光斑分析软件，像素大小输入3.75μm，选取“自动”，相机会根据光斑的亮度选取一个合适的曝光时间，点击“运行”（如果软件一直显示曝光，则需要适当增加安装在COMS相机上衰减片的数量；如果软件的曝光时间接近饱和，但此时光斑亮度仍然很微弱的话，则可以适当减少安装在COMS相机上衰减片的数量）。选择“显示积分剖面图”以及“显示三维图”，可以看到水平方向和垂直方向的强度分布图以及整体的一个光强分布的三维图，点击“停止”，记录数据。

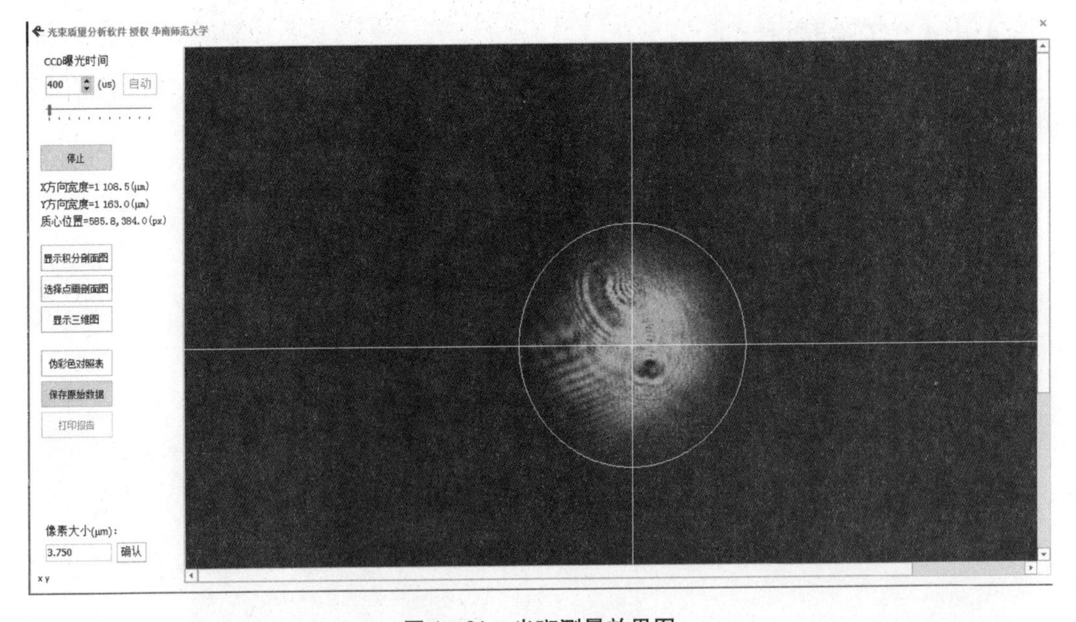

图4-21　光斑测量效果图

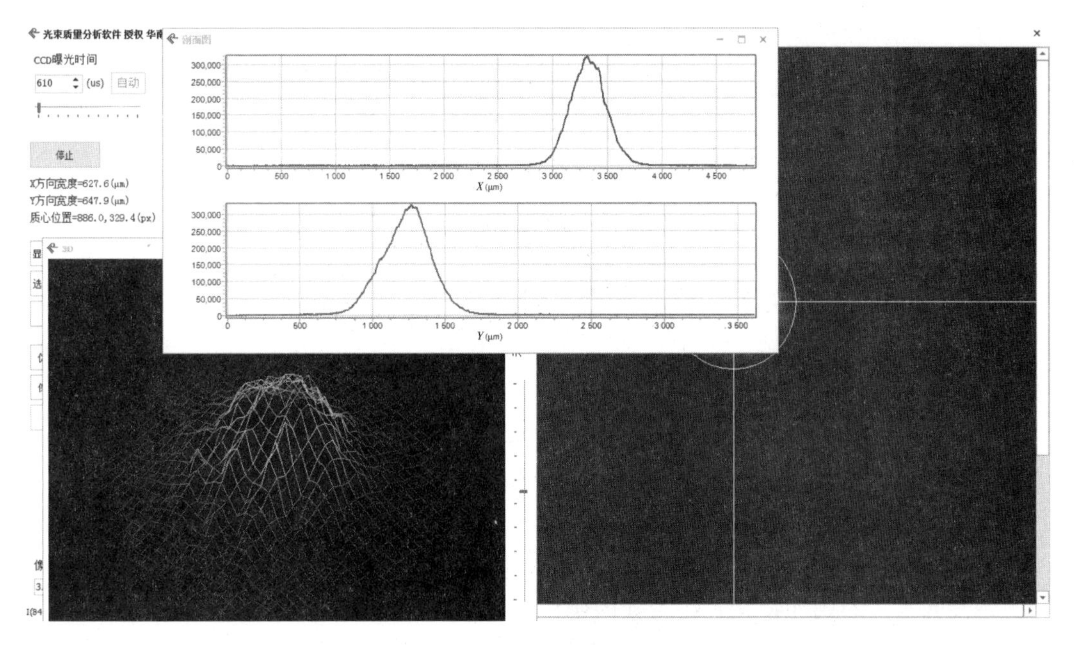

图 4－22　光斑的“显示积分剖面图”以及“显示三维图”

（5）从靠近激光器的位置开始，以 40mm 为间隔，移动 COMS 相机，测量在不同位置处光斑半径的大小，测量 16 组数据，填入表 4－2 中。（注意：相机口到相机靶面的距离为 17.526mm。）

表 4－2

测量位置（cm）																
水平宽度（μm）																
垂直宽度（μm）																

4.4.6　注意事项

（1）激光器是在高压环境下工作的，所以在接电过程中要注意安全，按顺序接通激光器。

（2）禁止在光路上放置与实验无关的反光材料，以免激光反射入人眼。

（3）在导轨上移动光具时，不要用力过猛。

（4）使用 COMS 相机时需加上至少一片衰减片，不能让强光直接照射到 COMS 上。

（5）使用衰减片的时候，禁止触碰镜面；如果不小心碰到镜面，一定要及时用棉签蘸酒精将指纹擦拭掉。

4.5 高斯光束变换与测量实验

4.5.1 预习

（1）预习高斯光束变换的原理。

（2）预习高斯光束变换的测量方法。

4.5.2 实验目的

（1）了解通过薄透镜的高斯光束的变换原理。

（2）掌握对高斯光束进行变换以及测量方法。

4.5.3 实验原理

将实验4.4的式（4.28）中与横向坐标 r 有关的因子放在一起，则可以写成：

$$E_{00}(x,\ y,\ z)=\frac{E_0\omega_0}{\omega(z)}e^{-ik\frac{(x^2+y^2)}{2}\left[\frac{1}{R(z)}-i\frac{\lambda}{\pi\omega^2(z)}\right]}e^{-i\left(kz-\arctan\frac{z}{f}\right)} \tag{4.36}$$

引入一个新的参数 $q(z)$，将其定义为：

$$\frac{1}{q(z)}=\frac{1}{R(z)}-i\frac{\lambda}{\pi\omega^2(z)} \tag{4.37}$$

则式（4.36）可写成：

$$E_{00}(x,\ y,\ z)=\frac{E_0\omega_0}{\omega(z)}e^{-ik\frac{(x^2+y^2)}{2}\frac{1}{q(z)}}e^{-i\left(kz-\arctan\frac{z}{f}\right)} \tag{4.38}$$

式（4.38）所定义的参数 $q(z)$ 将描述高斯光束基本特征的两个参数 $\omega(z)$ 和 $R(z)$ 统一在一个表达式中，它是表征高斯光束的又一个重要参数。

相对于用实验4.4中的 $\omega(z)$ 和参数 $R(z)$ 来讨论高斯光束的传输规律，用参数 $q(z)$ 来讨论高斯光束的传输规律更为方便，而且可以用统一的公式来描述高斯光束通过自由空间及光学系统的行为。

一、普通球面波的传播规律

考察沿 z 轴方向传播的普通球面波，其曲率中心为 O（图4－23）。该球面波的波前曲率半径 $R(z)$ 随传播过程而变化。

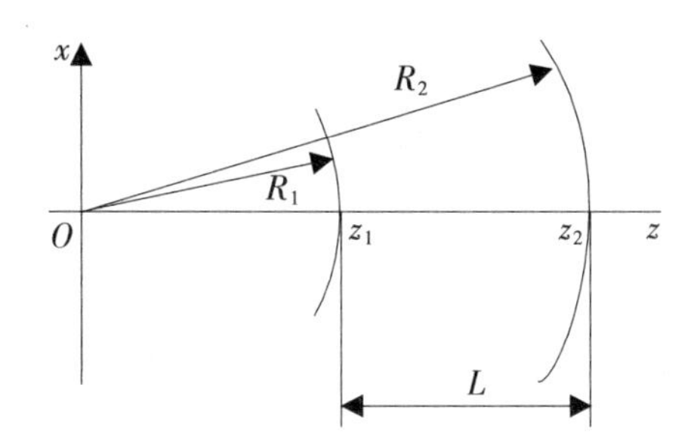

图 4－23　普通球面波在自由空间的传播

$$R_1=R(z_1)=z_1 \tag{4.39}$$

$$R_2=R(z_2)=z_2 \tag{4.40}$$

$$R_2=R_1+(z_2-z_1)=R_1+L \tag{4.41}$$

式（4.39）、（4.40）、（4.41）描述了普通球面波在自由空间的传播规律。

当傍轴球面波通过焦距为 F 的薄透镜时，其波前曲率半径满足：

$$\frac{1}{R_2}=\frac{1}{R_1}-\frac{1}{F} \tag{4.42}$$

其中，R_1 表示入射在透镜表面上的球面波面的曲率半径，R_2 表示经过透镜出射的球面波面的曲率半径。式（4.42）描述了傍轴球面波通过薄透镜的变换规律。

由激光原理可知，傍轴光线通过光学系统的变化矩阵为：

$$\begin{bmatrix} r_2 \\ \theta_2 \end{bmatrix}=\begin{bmatrix} A & B \\ C & D \end{bmatrix}\begin{bmatrix} r_1 \\ \theta_1 \end{bmatrix} \tag{4.43}$$

当光线在自由空间（或均匀各向同性介质）中进行传播且传播距离为 L 时，其变化矩阵为：

$$T_L=\begin{bmatrix} A & B \\ C & D \end{bmatrix}\begin{bmatrix} 1 & L \\ 0 & 1 \end{bmatrix} \tag{4.44}$$

而焦距为 F 的薄透镜对傍轴光线的变换矩阵为：

$$T_F=\begin{bmatrix} A & B \\ C & D \end{bmatrix}\begin{bmatrix} 1 & 0 \\ \frac{-1}{F} & 1 \end{bmatrix} \tag{4.45}$$

球面波的传播规律公式（4.39）、（4.40）、（4.41）、（4.42）可以统一地写成：

$$R_2 = \frac{AR_1 + B}{CR_1 + D} \tag{4.46}$$

通过上述讨论可以看出，具有固定曲率中心的普通傍轴球面波可以由其曲率半径 $R(z)$ 来描述，它的传播规律按式（4.46）由傍轴光线变换矩阵 T 确定。

二、高斯光束 $q(z)$ 参数的变换规律——$ABCD$ 公式

高斯球面波——非均匀的、曲率中心不断改变的球面波——也具有类似于普通球面波的曲率半径 $R(z)$ 这样的参量，其传播规律与普通球面波的 $R(z)$ 完全类似。这就是前面提到的 $q(z)$ 参数。按式（4.37），$q(z)$ 参数的定义为：

$$\frac{1}{q(z)} = \frac{1}{R(z)} - i\frac{\lambda}{\pi\omega^2(z)} \tag{4.47}$$

将

$$R(z) = z\left[1 + \left(\frac{\pi\omega_0^2}{\lambda z}\right)^2\right] \tag{4.48}$$

$$\omega^2(z) = \omega_0^2\left[1 + \left(\frac{\lambda z}{\pi\omega_0^2}\right)^2\right] \tag{4.49}$$

代入式（4.47），经适当运算后得出：

$$q(z) = i\frac{\pi\omega_0^2}{\lambda} + z = q_0 + z \tag{4.50}$$

式（4.50）中，$q = q(0) = \frac{i\pi\omega_0^2}{\lambda} = if$ 为 $z = 0$ 处的参数值。式（4.50）描述了高斯光束的 $q(z)$ 参数在自由空间（或均匀各向同性介质）中的传播规律。它在形式上比式（4.48）、（4.49）所表示的 $R(z)$ 和 $\omega(z)$ 的传播规律要简单一些。由式（4.50）可以推得：

$$q_2 = q_1 + (z_2 - z_1) = q_1 + \Delta L \tag{4.51}$$

式中，$q_1 = q(z_1)$ 为 z_1 处的 $q(z)$ 参数值；$q_2 = q(z_2)$ 为 z_2 处的 $q(z)$ 参数值。

式（4.50）与普通球面波的式（4.39）、（4.40）、（4.41）在形式上完全一样。

当通过薄透镜时，高斯光束 $q(z)$ 参数的变换规律很简单。下面，我们首先证明，高斯光束经过薄透镜变换后仍为高斯光束。若以 M_1 表示高斯光束入射在透镜表面上的波面（图 4－24），由于高斯光束的等相位面为球面，经透镜后被转换成另一球面波面 M_2 而出射，M_1 与 M_2 的曲率半径 R_1 及 R_2 之间的关系由式（4.42）确定。同时，由于透镜很“薄”，所以在紧挨透镜两边的波面 M_1 及 M_2 上的光斑大小及光强分布都应该完全一样。以 ω_1 表示入射在透镜表面上的高斯光束光斑半径，ω_2 表示出射高斯光束光斑半径，则薄透镜的这一性质可表示为：

$$\omega_1 = \omega_2 \tag{4.52}$$

总之，经薄透镜变换后，我们将获得具有高斯型强度分布的另一球面波面 M_2，按博伊德和戈登的理论，出射光束继续传输时仍为高斯光束。有了式（4.42）与式（4.52），可以写出：

$$\frac{1}{q_2} = \frac{1}{R_2} - i\frac{\lambda}{\pi\omega_2^2} = \left(\frac{1}{R_1} - \frac{1}{F}\right) - i\frac{\lambda}{\pi\omega_2^2} = \left(\frac{1}{R_1} - i\frac{\lambda}{\pi\omega_1^2}\right) - \frac{1}{F} = \frac{1}{q_1} - \frac{1}{F} \tag{4.53}$$

式（4.53）中，q_1 为入射高斯光束在透镜表面上的 $q(z)$ 参数值；q_2 为出射高斯光束在透镜表面上的 $q(z)$ 参数值；R_1、ω_1 为入射高斯光束在透镜表面上的波面曲率半径和光斑半径；R_2、ω_2 为出射高斯光束在透镜表面上的波面曲率半径和光斑半径。式（4.53）为 $q(z)$ 参数通过薄透镜的变换公式，它在形式上与普通球面波所满足的式（4.39）、（4.40）、（4.41）完全类似。

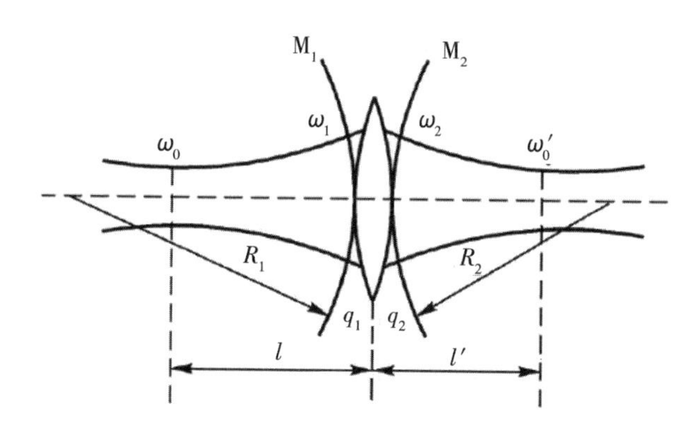

图 4－24　薄透镜对高斯光束的变换

比较式（4.51）、（4.52）和式（4.39）、（4.40）、（4.41）、（4.42）可知，无论是对在自由空间的传播或对通过光学系统的变换，高斯光束的 $q(z)$ 参数都起着和普通球面波的曲率半径 $R(z)$ 一样的作用，因此有时又将 $q(z)$ 参数称为高斯光束的复曲率半径。与式（4.46）类似，$q(z)$ 参数的变换规律可统一表示为：

$$q_2 = \frac{Aq_1 + B}{Cq_1 + D} \tag{4.54}$$

这就是高斯光束经任何光学系统变换时服从的 $ABCD$ 公式，式中，$\begin{bmatrix} A & C \\ B & D \end{bmatrix}$为光学系统对傍轴光线的变换矩阵。当 $\lambda \to 0$ 时，波动光学过渡到几何光学，这时由式（4.47）得出 $q(z) \to R(z)$，表明高斯光束的传播规律过渡到几何光学中傍轴光线的传播规律。

式（4.54）的主要优点是使我们能通过任意复杂的光学系统追踪高斯光束的 $q(z)$ 参数值，只要我们知道了傍轴光线通过该系统的变换矩阵$\begin{bmatrix} A & C \\ B & D \end{bmatrix}$，在求得某位置处的 $q(z)$后，光束的曲率半径 $R(z)$及光斑大小 $\omega(z)$即可按式（4.53）算出。

三、用参数分析高斯光束的传输问题

下面，我们用 $q(z)$参数来研究如图 4-24 所示的高斯光束的传播过程。

若透镜的焦距为 F，入射高斯光束的束腰半径为 ω_0，束腰与透镜的距离为 l，利用 $q(z)$参数经光学系统变换时的 $ABCD$ 公式（4.54），可求出出射高斯光束的束腰半径 ω_0' 和束腰与透镜的距离 l'。

设入射高斯光束束腰处的 $q(z)$参数为 q_0，透镜出射面处高斯光束的 $q(z)$参数为 q_F，出射高斯光束束腰处的 $q(z)$参数为 q_0'，则

$$q_0 = i\frac{\pi\omega_0^2}{\lambda} \tag{4.55}$$

$$q_F = q_0' - l' = i\frac{\pi\omega_0'^2}{\lambda} - l' \tag{4.56}$$

自入射高斯光束束腰至透镜出射面的变换矩阵

$$\begin{bmatrix} A & B \\ C & D \end{bmatrix} = \begin{bmatrix} 1 & 0 \\ -\frac{1}{F} & 1 \end{bmatrix}\begin{bmatrix} 1 & l \\ 0 & 1 \end{bmatrix} = \begin{bmatrix} 1 & l \\ -\frac{1}{F} & 1-\frac{l}{F} \end{bmatrix} \tag{4.57}$$

应有：

$$q_F = \frac{Aq_0 + B}{Cq_0 + D} = \frac{i\frac{\pi\omega_0^2}{\lambda} + l}{-\frac{1}{F}i\frac{\pi\omega_0^2}{\lambda} + 1 - \frac{l}{F}} = i\frac{\pi\omega_0'^2}{\lambda} - l' \tag{4.58}$$

由式（4.58）两端虚实部各自相等的条件，可得：

$$l' = F + \frac{(l-F)F^2}{(l-F)^2 + \left(\frac{\pi\omega_0^2}{\lambda}\right)^2} \tag{4.59}$$

$$\omega_0'^2 = \frac{F^2\omega_0^2}{(F-l)^2 + \left(\frac{\pi\omega_0^2}{\lambda}\right)^2} \tag{4.60}$$

式（4.59）及式（4.60）就是高斯光束束腰的变换关系式，它们完全确定了像方高斯光束的特征。它们将 l' 和 ω_0' 表示为 ω_0、l、F 的函数，可以很方便地用来解决各种实际问题。

现在先将由式（4.59）及式（4.60）所表征的高斯光束的成像规律与熟知的几何光学成像规律进行比较。

当满足条件

$$\begin{cases} \left(\frac{\pi\omega_0^2}{\lambda}\right)^2 \ll (l-F)^2 \\ \left(\frac{f}{F}\right)^2 \ll \left(1-\frac{l}{F}\right)^2 \end{cases} \tag{4.61}$$

时，由式（4.61）得出：

$$\begin{cases} l' \approx F + \frac{F^2}{l-F} = \frac{lF}{l-F} \\ \frac{1}{l'} + \frac{1}{l} = \frac{1}{F} \end{cases} \tag{4.62}$$

这正是几何光学中的成像公式。同样，在满足式（4.61）条件时，由式（4.60）可求得薄透镜对高斯光束束腰的放大率为：

$$k = \frac{\omega_0'}{\omega_0} \approx \frac{F}{l-F} = \frac{l'}{l} \tag{4.63}$$

这与几何光学中透镜成像的放大率公式一致。

由此可见，如果将物、像高斯光束的束腰与几何光学中的物和像相对应，则当满足式（4.61）条件时，可以用几何光学中处理傍轴光线的方法来处理高斯光束，这将使问题大为简化。由于 $l-F$ 为物高斯光束束腰与透镜后焦面的距离，$\frac{\pi\omega_0^2}{\lambda}$ 为物高斯光束的共焦参数，所以，不等式（4.61）要求物高斯光束束腰与透镜后焦面的距离远大于物高斯光束的共焦参数。粗略地说，就是要求物高斯光束束腰与透镜相距足够远。

如果不等式（4.61）条件不满足，则式（4.59）、（4.60）与式（4.62）、（4.63）可能有甚大的差异。这时高斯光束的行为可能与通常几何光学中傍轴光线的行为迥然不同。例如，当

$$l' = F + \frac{(l-F)F^2}{(l-F)^2 + \left(\frac{\pi\omega_0^2}{\lambda}\right)^2} \tag{4.64}$$

时，由式（4.59）得出：

$$l' = F \tag{4.65}$$

即当物高斯光束束腰处在透镜物方焦面上时，像高斯光束束腰亦将处在透镜像方焦面上，这与几何光学中处在焦点上的物经过透镜成像于无穷远处的概念完全不同。同样，当 $l<F$ 时，由式（4.59）仍可解得正的 l' 值，如 $l'=0$，则 $F>l'>0$，有实像；这又与几何光学中当 $l<F$ 时不能成实像的情况不同。总之，在不等式（4.61）条件不成立时，只有式（4.59）、（4.60）才能正确地描述高斯光束通过透镜的传播规律。

4.5.4 实验器材

内腔式 He-Ne 激光器；激光管夹持器；激光器电源；凸透镜（150mm）；COMS 相机；衰减片；导轨；滑块等。

4.5.5 实验内容与步骤

（1）根据高斯光束变换与测量实验装置图（图 4－25）安装所有器材。

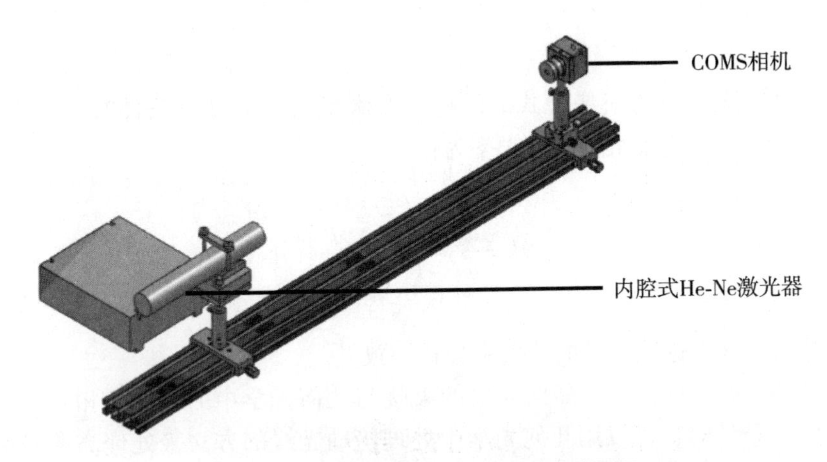

图 4－25 高斯光束变换与测量实验装置图

（2）固定焦距为 150mm 的凸透镜的位置，移动 COMS 相机至光斑半径最小最亮处（光束变换后的束腰位置）。记录此时的物距（原束腰到透镜之间的距离）、像距（透镜到变换后的束腰位置之间的距离）以及变换后束腰的半径。

（3）移动凸透镜的位置，改变像距，并记录多组数据，填入表 4－3 中。

（4）根据公式

$$l' = F + \frac{(l-F)F^2}{(l-F)^2 + \left(\frac{\pi\omega_0^2}{\lambda}\right)^2} \tag{4.66}$$

$$\omega_0'^2 = \frac{F^2\omega_0^2}{(F-l)^2 + \left(\frac{\pi\omega_0^2}{\lambda}\right)^2} \tag{4.67}$$

计算出理论像距 l' 和变换后束腰的理论半径 $\omega_0'^2$，并填入表 4－3 中，与测量值进行对比。

表 4－3

物距（cm）										
水平宽度（μm）										
垂直宽度（μm）										
像距（cm）										
理论像距（μm）										
理论半径（μm）										

（5）根据测量所得数据，绘制出束腰宽度随物距改变的曲线图。

4.5.6　注意事项

（1）激光器是在高压环境下工作的，所以在接电过程中要注意安全，按顺序接通激光器。

（2）禁止在光路上放置与实验无关的反光材料，以免激光反射入人眼。

（3）在导轨上移动光具时，不要用力过猛。

（4）使用 COMS 相机时需加上至少一片衰减片，不能让强光直接照射到 COMS 上。

（5）使用凸透镜镜片和衰减片的时候，禁止触碰镜面；如果不小心碰到镜面，一定要及时用棉签蘸酒精将指纹擦拭掉。

4.6　半内腔式氦氖激光器等效腔长测量实验

4.6.1　预习

（1）预习激光器模式的成因。

（2）预习用共焦球面扫描干涉仪测量纵模的方法。

（3）预习通过纵模间隔计算等效腔长的方法。

4.6.2 实验目的

（1）了解纵模和横模两类激光模式。

（2）加深对激光模式的概念及特点的理解。

（3）掌握模式分析的基本方法。

4.6.3 实验原理

一个典型的激光器由三部分构成，即激光工作物质、抽运系统和开放式光学谐振腔。激光工作物质可以是气体、固体、半导体等，相应的激光器依次称为气体激光器、固体激光器、半导体激光器等。抽运系统提供能源，使激光工作物质中产生激光的两能级（分别称为激光上、下能级）上粒子数密度按照与平衡态相反的方式分布。开放式光学谐振腔由具有一定曲率半径，相距为 L 的两块反射镜构成，不含工作物质的谐振腔称为无源腔，含工作物质的则称为有源腔（图 4 - 26）。

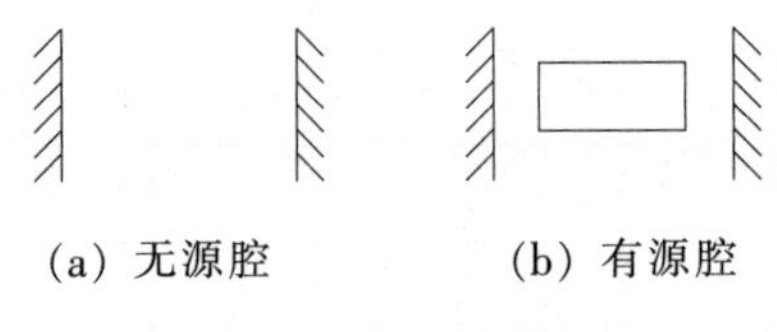

(a) 无源腔　　(b) 有源腔

图 4 - 26　开放式光学谐振腔

光波在谐振腔反射镜之间多次衍射传播所形成的稳定场分布称为开放式光学谐振腔的模式，不同模式具有不同的光波场空间分布。这种三维空间分布可以分解为沿纵向即腔轴方向的分布 $E(z)$，和沿横向即垂直于腔轴方向的分布 $E(x, y)$。前者称为纵模，后者称为横模。两者组合形成光腔模式，并记为 TEM_{mnq}，其中 TEM 表示光波为横电磁波，m、n 分别表示光场在 x 方向和 y 方向通过 0 值的次数，并称为横模序数。TEM_{00}模称为基横模，其余称为高阶横模。类似地，q 则表示光场在 z 方向取 0 值的次数，并称为纵模序数。在表示模式时，往往只写出 m、n 的数值而不标出 q 的数值。

一、纵模

当腔长 L 是光波半个波长的整数倍时，才能在腔内形成驻波，形成稳定的振荡，故有：

$$L = q \cdot \frac{\lambda}{2} \tag{4.68}$$

其中，q 为纵模的阶数；λ 表示腔内介质中的光波波长，$\lambda = c/\eta\nu$，c 是光波，η 是腔内介质的折射率（在空气中，$\eta = 1$）。将 $\lambda = c/\eta\nu$ 代入式（4.68）中，可以得到腔内能形成稳定振荡的模式的频率为：

$$\nu_q = q\frac{c}{2\eta L} \tag{4.69}$$

不同的整数值 q 对应着不同的输出频率 ν_q，相应得到相邻两纵模（$\Delta q=1$）的频率为：

$$\Delta\nu=\frac{c}{2\eta L} \tag{4.70}$$

激光器对不同频率的光有不同的增益，只有增益值大于阈值的频率才能形成振荡而产生激光。例如，$L=1\text{m}$ 的 He-Ne 激光器，其相邻纵模频率 $\Delta\nu=\frac{c}{2\eta L}=1.5\times10^{8}\text{Hz}$。若其增益曲线的频宽为 $1.5\times10^{9}\text{Hz}$，则可输出 10 个纵模。腔长越长，则 $\Delta\nu$ 越大，输出的纵模就越少。对于增益频宽为 $1.5\times10^{9}\text{Hz}$ 的激光，即输出单纵模的激光。

二、纵模选择原理

根据衍射理论，一般稳定腔中不同阶次的横模对应有不同的谐振频率数。参与振荡的横模越多，则激光器的振荡频谱结构越复杂。只有以基横模运转的模式，其频谱由一系列间隔为 $\Delta\nu=\frac{c}{2\eta L}$的离散谱线构成。

由于在激光工作物质中，一般存在多对激光振荡能级，因而产生多条荧光谱线。为选出单纵模，首先需要抑制掉多余的谱线，仅保留一条特定的荧光谱线，然后在选出基横模的基础上进行纵模选择。

一个纵模在腔内能否建立起激光振荡，主要取决于其所获得的增益与所受到的损耗两者相对值的大小。虽然对应于同一横模的不同纵模具有相同的损耗，但不同纵模却对应着不同的小信号增益系数。充分利用纵模间的这种增益差异，或在腔内人为引入损耗差异是进行纵模选择的指导思想。

纵模选择的方法有：①色散腔法；②短腔法；③Fabry-Perot（F-P）标准具法；④干涉子腔法。

三、获得基横模输出的方法

通过调偏谐振腔的一个腔镜，也可以获得基横模输出。当谐振腔的两个腔镜与工作物质轴线重合时，各阶横模的衍射损耗最小。若调整其中一个腔镜使轴线偏离，则各阶横模的衍射损耗相应增大，但高阶横模较基横模的损耗增加得更大，从而振荡被抑制，基横模因损耗较小仍能形成激光振荡。腔镜失调对横模衍射损耗的影响在共心腔和半球面腔中表现得非常明显。用这种选模方法，激光输出功率会因腔镜的失调而显著下降。

四、半内腔式 He-Ne 激光器腔长的计算

由实验 4.2 可以测得内腔式激光器的纵模时间间隔 Δx_1 和自由光谱区时间间隔 Δx_2，且已知内腔式激光器的腔长 $L=250\text{mm}$，所以根据推导公式 $l=\frac{L\Delta x_1}{2\Delta x_2}$，可得出共焦球面扫描干涉仪的腔长 l。同理，在本实验中，我们也可以测得半内腔式 He-Ne 激光器的纵模时间间隔 Δx_1 和自由光谱区时间间隔 Δx_2，且由实验 4.2 已求得了共焦球面扫描干涉仪的腔长 l，所以根据反推导公式 $L'=2l\frac{\Delta x_2'\Delta x_1}{\Delta x_1'\Delta x_2}$，即可得出半内腔式 He-Ne 激光器的腔长 L。

4.6.4 实验器材

半内腔式 He-Ne 激光器；激光器电源；示波器；COMS 相机；共焦球面扫描干涉仪；共焦球面扫描干涉仪控制器；可变光阑；探测器；衰减片；导轨；滑块等。

4.6.5 实验内容与步骤

（1）根据半内腔式 He-Ne 激光器等效腔长测量实验装置图（图 4 – 27）安装所有的器材。

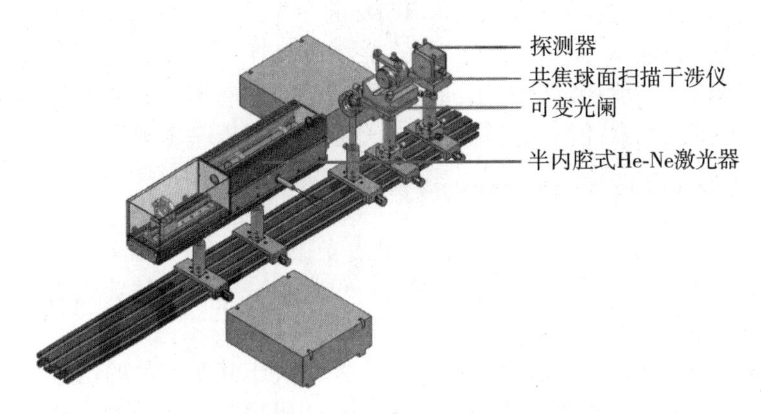

图 4 – 27 半内腔式 He-Ne 激光器等效腔长测量实验装置图

（2）根据实验 4.1 方法调节半内腔式 He-Ne 激光器，直至激光器出射激光束。

（3）根据实验 4.2 方法调节共焦球面扫描干涉仪。

（4）根据实验 4.4 方法安装并连接好 COMS 相机（在将 COMS 相机放在光路上之前，要确保在 COMS 相机前面装入了至少一片衰减片，以防曝光损坏相机）。

（5）适当调节 COMS 相机的位置，使半内腔式 He-Ne 激光器出射的激光束能够垂直打到相机靶面上，并且使 COMS 相机反射回去的光斑与原光斑重合。

（6）打开光斑分析软件，像素大小输入 3.75μm，选择“自动”，相机会根据斑的亮度选取一个合适的曝光时间，点击“运行”（如果软件一直显示曝光，则需要适当增加安装在 COMS 相机上衰减片的数量；如果软件的曝光时间接近饱和，但此时光斑亮度仍然很微弱的话，则可以适当减少安装在 COMS 相机上衰减片的数量）。再适当调整相机增益和快门速度，使得所有图像均不出现饱和现象为宜。

（7）微调半内腔式 He-Ne 激光器后腔镜的两个旋钮，使其出射光为基模模式（图 4 – 28）。

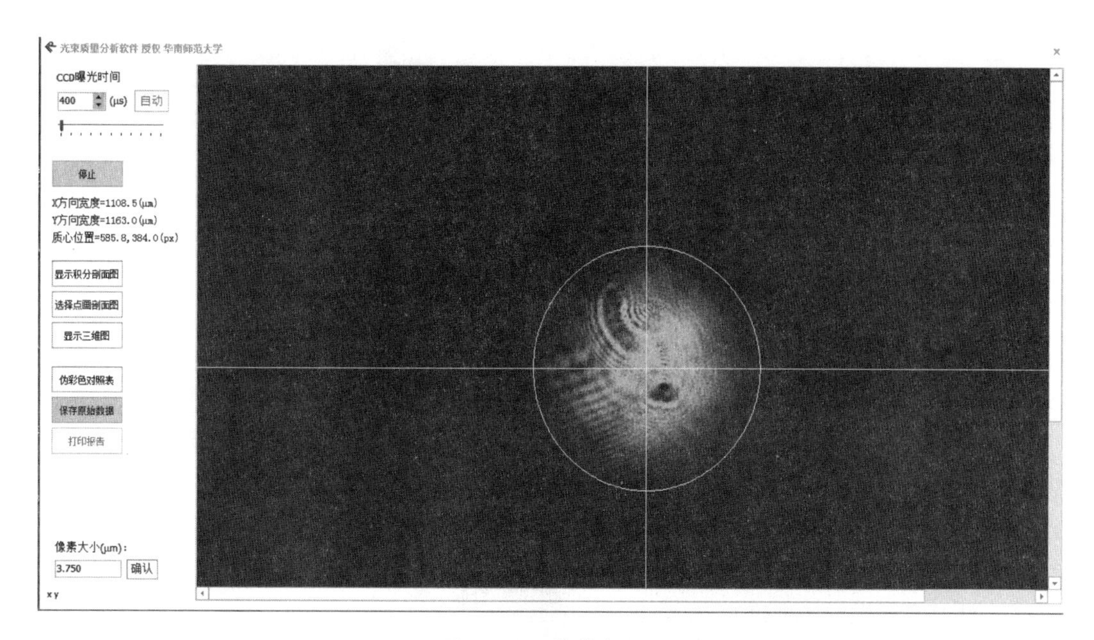

图 4-28　基膜光斑图

（8）调节共焦球面扫描干涉仪的调制幅度，确保在一个锯齿波周期内出现两个序列的纵模分布。

（9）使用示波器的光标测量功能，测量纵模时间间隔 Δx_1 和周期间隔 Δx_2。

（10）在实验 4.2 中已求得共焦球面扫描干涉仪的腔长 l，根据反推导公式 $L' = 2l\dfrac{\Delta x_2' \Delta x_1}{\Delta x_1' \Delta x_2}$，即可得出半内腔式 He-Ne 激光器的腔长 L。

4.6.6　注意事项

（1）激光器是在高压环境下工作的，所以在接电过程中要注意安全，按顺序接通激光器。

（2）禁止在光路上放置与实验无关的反光材料，以免激光反射入人眼。

（3）在导轨上移动光具时，不要用力过猛。

（4）使用 COMS 相机时需加上至少一片衰减片，不能让强光直接照射到 COMS 上。

（5）使用衰减片的时候，禁止触碰镜面；如果不小心触碰到镜面，一定要及时用棉签蘸酒精将指纹擦拭掉。

4.7　激光横模变换与参数测量实验

4.7.1　预习

（1）预习激光器横模的概念。

（2）预习激光器横模的分类方法。

（3）预习激光器横模的调节方法和测量方法。

4.7.2　实验目的

（1）了解高斯光束光斑的横模。

（2）学会调节多种不同模式的光斑。

4.7.3　实验原理

横模是指垂直于谐振腔轴线方向横截面内稳定的光场分布，主要决定光束的发散角，即方向性。横模的阶次越高，光束的发散角越大，光强分布范围也越大，分布越不均匀。这样的光束质量，对许多应用而言是不理想的。基横模光束（记为 TEM_{00}模）具有最小的发散角、最大的能量密度和最高的亮度，并且经过光学系统后，基横模光束的发散角还可以进一步被压缩。

对满足形成驻波共振条件的各个纵模来说，还可能存在着横向场分布不同的横模的情况。同一纵模不同横模，其频率亦有差异。几种常见的低阶横模光斑如图 4－29 所示（TEM_{mn}模沿 x 方向有 m 条节线，沿 y 方向有 n 条节线）。

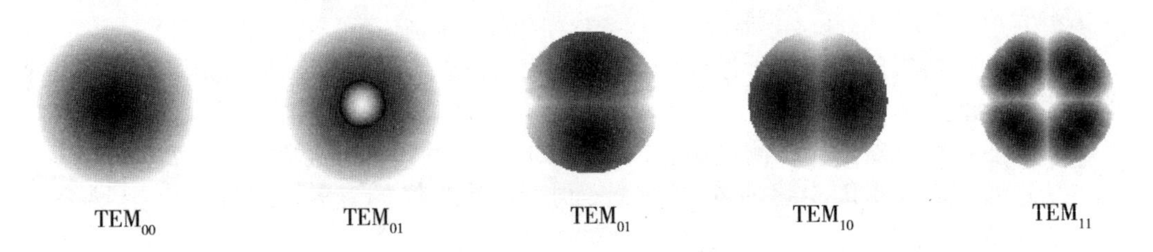

图 4－29　常见的低阶横模光斑图

任意一个 TEM_{mnq}模的频率 ν_{mnq}经计算得：

$$\nu_{mnq}=\frac{c}{4\eta L}\left\{2q+\frac{2}{\pi}(m+n+1)\arccos\left[\left(1-\frac{L}{r_1}\right)\left(1-\frac{L}{r_2}\right)\right]^{\frac{1}{2}}\right\} \tag{4.71}$$

其中，r_1，r_2 分别是谐振腔两反射镜的曲率半径。若横模阶数由 m 增加到 $m'=m+\Delta m$，n 增加到 $n'=n+\Delta n$，则有：

$$\nu_{m'n'q'}=\frac{c}{4\eta L}\left\{2q+\frac{2}{\pi}(m+n+1+\Delta m+\Delta n)\arccos\left[\left(1-\frac{L}{r_1}\right)\left(1-\frac{L}{r_2}\right)\right]^{\frac{1}{2}}\right\} \tag{4.72}$$

上面两式相减，得到不同横模之间的频率差为：

$$\nu_{mn,m'n'}=\frac{c}{2\eta L}\left\{\frac{1}{\pi}(\Delta m+\Delta n)\arccos\left[\left(1-\frac{L}{r_1}\right)\left(1-\frac{L}{r_2}\right)\right]^{\frac{1}{2}}\right\} \tag{4.73}$$

横模频率差公式和纵模频率差 $\Delta\nu=\frac{c}{2\eta L}$相比，两者相差一个分数因子，并且相邻横模 $\Delta m=1$，$\Delta n=1$ 之间的频率差 $\Delta\nu$ 一般小于相邻纵模之间的频率差。例如，增益频宽为 1.5×10^9Hz，腔长 $L=0.24$m 的平凹（$r_1=1$m，$r_2=1$m）谐振激光器，其纵模频率差按公式 $\Delta\nu=\frac{c}{2\eta L}$计算，结果为 6.25×10^8Hz；横模 TEM_{00}和 TEM_{01}之间的频率差用 $\Delta\nu_{00,01}$表示（即 $\Delta m=0-0=0$，$\Delta n=1-0=1$），将各值代入式（4.73）中，可得相邻横模频率差为：

$$\nu_{00,01}=\frac{3\times10^8}{2\eta\times0.24}\left\{\frac{1}{\pi}(0+1)\arccos\left[\left(1-\frac{0.24}{1}\right)\left(1-\frac{0.24}{\infty}\right)\right]^{\frac{1}{2}}\right\}$$

$$=1.02\times10^8\text{Hz}\ (\eta=1.0) \tag{4.74}$$

该激光器的增益带宽 1.5×10^9Hz 包含 2.5 个纵横。当用共焦球面扫描干涉仪来分析该激光器的模式时，若它仅存在 TEM_{00}模，那么有时可看到三个尖峰，有时可看到两个尖峰；当还存在 TEM_{01}模时，可有两组或三组尖峰。

总之，任何一个模，既是纵模，又是横模，它同时有两个名称，只不过是对两个不同方向的观测结果分开称呼而已。一个模式由三个量子数来表示，通常写作 TEM_{mnq}，其中参数 q 是纵模阶数，m 和 n 是横模阶数（m 是沿 x 轴方向光强为零的节点数，n 是沿 y 轴方向场强为零的节点数）。前面已知，不同的纵横对应不同的频率。纵模阶数相同而横模阶数不同也对应不同的频率，横模阶数越大，频率越高。

4.7.4　实验器材

半内腔式 He-Ne 激光器；激光器电源；COMS 相机；衰减片；导轨；滑块等。

4.7.5　实验内容与步骤

（1）根据激光横模变换与参数测量实验装置图（图 4－30）安装所有的器材。

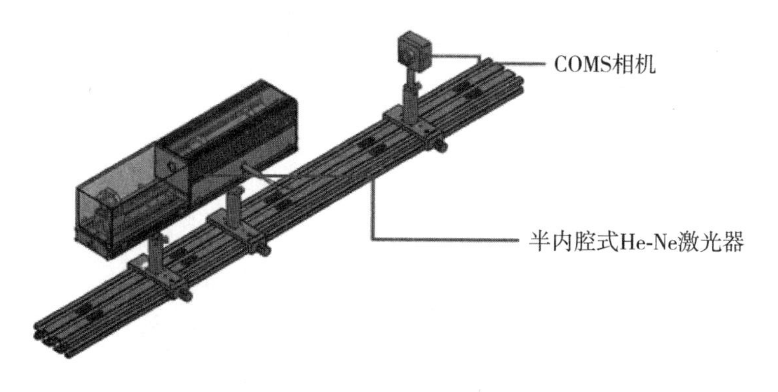

图 4－30　激光横模变换与参数测量实验装置图

（2）根据实验4.1方法调节半内腔式He-Ne激光器，直至激光器出射激光束。

（3）根据实验4.4方法安装并连接好COMS相机（在将COMS相机放在光路上之前，要确保COMS相机前面装入了至少一片衰减片，以防曝光损坏相机）。

（4）适当调节COMS相机的位置，使半内腔式He-Ne激光器出射的激光束能够垂直打到相机靶面上，并且使COMS相机反射回去的光斑与原光斑重合。

（5）打开光斑分析软件，像素大小输入3.75μm，选择“自动”，相机会根据斑的亮度选取一个合适的曝光时间，点击“运行”（如果软件一直显示曝光，则需要适当增加安装在COMS相机上衰减片的数量；如果软件的曝光时间接近饱和，但此时光斑亮度仍然很微弱的话，则可以适当减少安装在COMS相机上衰减片的数量）。再适当调整相机增益和快门速度，使得所有图像均不出现饱和现象为宜。

（6）微调半内腔式He-Ne激光器后腔镜的两个旋钮以及安装后腔镜的齿轮齿条平移台来改变激光器腔长，从而改变激光模式。

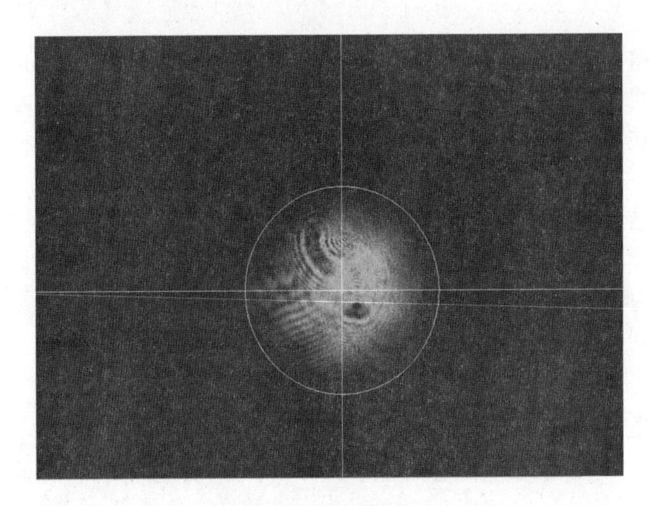

（a）TEM_{00}模式

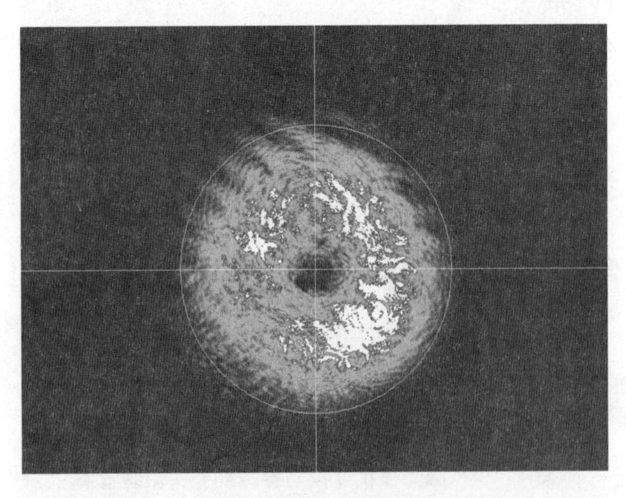

（b）TEM_{01}模式

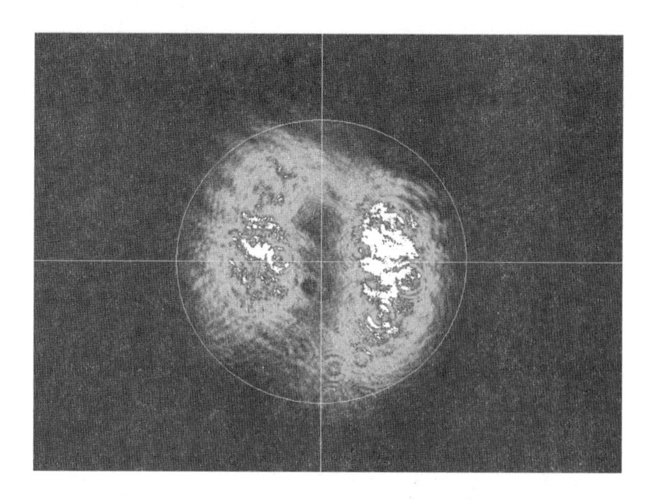

（c）TEM_{10}模式

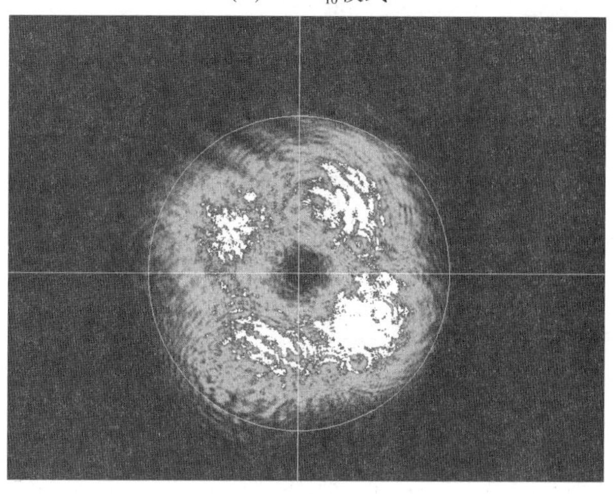

（d）TEM_{11}模式

图 4－31　不同激光模式下的氦氖光斑

（7）用光斑分析软件测量不同激光模式下光斑的宽度，可每隔 50mm 测量一次，用这些数据计算不同激光模式下高斯光束的参数。将 TEM_{00}、TEM_{01}、TEM_{10}、TEM_{11} 模式氦氖光斑的数据分别记录到表 4－4、4－5、4－6、4－7 中。

表 4－4

测量位置（cm）								
水平宽度（μm）								
垂直宽度（μm）								

表 4－5

测量位置（cm）								
水平宽度（μm）								
垂直宽度（μm）								

表 4－6

测量位置（cm）								
水平宽度（μm）								
垂直宽度（μm）								

表 4－7

测量位置（cm）								
水平宽度（μm）								
垂直宽度（μm）								

（8）对比不同激光模式下的参数，分析激光模式对光斑宽度的影响。

4.7.6 注意事项

（1）激光器是在高压环境下工作的，所以在接电过程中要注意安全，按顺序接通激光器。

（2）禁止在光路上放置与实验无关的反光材料，以免激光反射入人眼。

（3）在导轨上移动光具时，不要用力过猛。

（4）使用 COMS 相机时需加上至少一片衰减片，不能让强光直接照射到 COMS 上。

（5）使用衰减片的时候，禁止触碰镜面；如果不小心碰到镜面，一定要及时用棉签蘸酒精将指纹擦拭掉。

第5章　液晶空间光调制器及其应用研究

一、实验意义

光作为信息载体，具有其他电磁波所不具备的显著特点：一是光的频率高达10^{14}以上，比现有的信息载波如无线电波，微波的频率要高出好几个数量级，具有极大的带宽；二是光的并行性，两束或者多束光在空间传播时相遇，可以互不干扰。光的并行性特点为多路信息并行传输和处理提供了可能性。而在现代信息处理技术中，光电信息处理占据特殊的地位，能实时快速地二维输入输出，以及具有运算功能的二维器件——空间光调制器（Spatial Light Modulator，简称SLM）应运而生。SLM可在随时间变化的电驱动信号或其他信号的控制下，改变空间上光分布的振幅或强度、相位、偏振态以及波长，或者把非相干光转化成相干光。因此，它可作为实时光学信息处理、光计算等系统中构造单元或关键的器件。SLM是实时光学信息处理、自适应光学和光计算等现代光学领域的关键器件，在很大程度上，SLM的性能决定了这些领域的实用价值和发展前景。

二、实验目的与要求

本实验是传统光信息处理、光电器件、计算机等先进技术交叉的现代光学实验，旨在让学生了解SLM的广泛应用和科研价值。本实验注重加深学生对光信息处理中关键器件的理解，同时提高利用SLM解决实际科研与产业应用问题的能力。

本实验要求学生了解SLM的基础知识，理解SLM振幅携带相位调制和纯相位调制的工作原理。除本文介绍的知识外，要求学生自行查找相关参考资料，学习和掌握实验的基本原理。了解系统关键器件——SLM的应用，通过使用实验室提供的仪器设备，能够测量SLM的前后表面液晶分子取向，计算液晶扭曲角，测量SLM振幅调制模式时的偏振光角度；能够对SLM相位调制模式时的灰度—相位对应关系进行校正并标定；能够运用SLM进行微光学元件（如正弦、闪耀光栅、菲涅耳波带等）的设计及相关测量。

完成实验报告，实验报告应包含题目、中英文摘要、关键词、论文主体、参考文献等要素，其中论文主体包括引言、实验原理、实验方法、实验数据的处理及结果、结论等部分。

三、实验环境与器材

光学平台，He-Ne激光器，LED光源，白光源（汞灯），带通滤波器，分辨率板，显微物镜，分束镜，常用光学元件及支架若干。

CCD摄像头、空间光调制器、数据采集及控制卡和图像采集卡。

计算机、SLM图像输出软件及其他相关软件。

其他相关程序及仪器设备。

本实验应用空间光调制器的参数：

表 5 - 1

型号	rSLM-Ⅱ	LC-R720
调制类型	纯相位	振幅兼相位
液晶类型	反射式	反射式
像素大小	1 280pixel × 1 024pixel	1 280pixel × 768pixel
像元大小	12. 3μm	20μm
相面大小	15. 7mm × 12. 6mm	25. 6mm × 15. 4mm
相位范围	> 2	

5. 1　液晶空间光调制器的原理及液晶取向测量实验

5. 1. 1　实验目的

（1）了解 SLM 的结构。

（2）熟悉 SLM 的工作原理。

（3）测量 SLM 的表面液晶取向。

5. 1. 2　实验原理

下面介绍该实验的关键器件——SLM 的原理，通过测量 SLM 前后表面的液晶分子取向，计算液晶分子的扭曲角。

SLM 是一种能够对光波的空间分布进行调制的器件。SLM 能够在电信号或者光信号的控制下，改变入射光波的振幅、相位、偏振方向等。SLM 的特点是由很多独立的小单元组成一维或者二维阵列，每个小单元独立地受到控制信号的控制，并由于各种物理效应，自身的光学特性受到改变，从而实现对入射光波的调制。

商用的 SLM 有几十种，它们的结构不同，工作原理也不一样。本实验采用的是液晶 SLM，液晶是介于固体和液体之间的一种状态，兼有液体和晶体的某些性质。大部分液晶分子为长棒状，按分子排列的有序性分为向列（nematic）型、近晶（smectic）型和胆甾（cholesteric）型，用单位矢量 n 来描述液晶分子的排列状态，n 称为取向矢，为液晶长棒分子的长轴取向，它们的液晶分子排列如图 5 - 1 所示。向列型液晶可以按照分子间的相对取向进一步分为两种：第一种是层列型，分子一层一层地排列；另一种为扭曲向列（Twisted Nematic，简称 TN）液晶，它在自然状态下慢慢沿着某个方向扭曲。

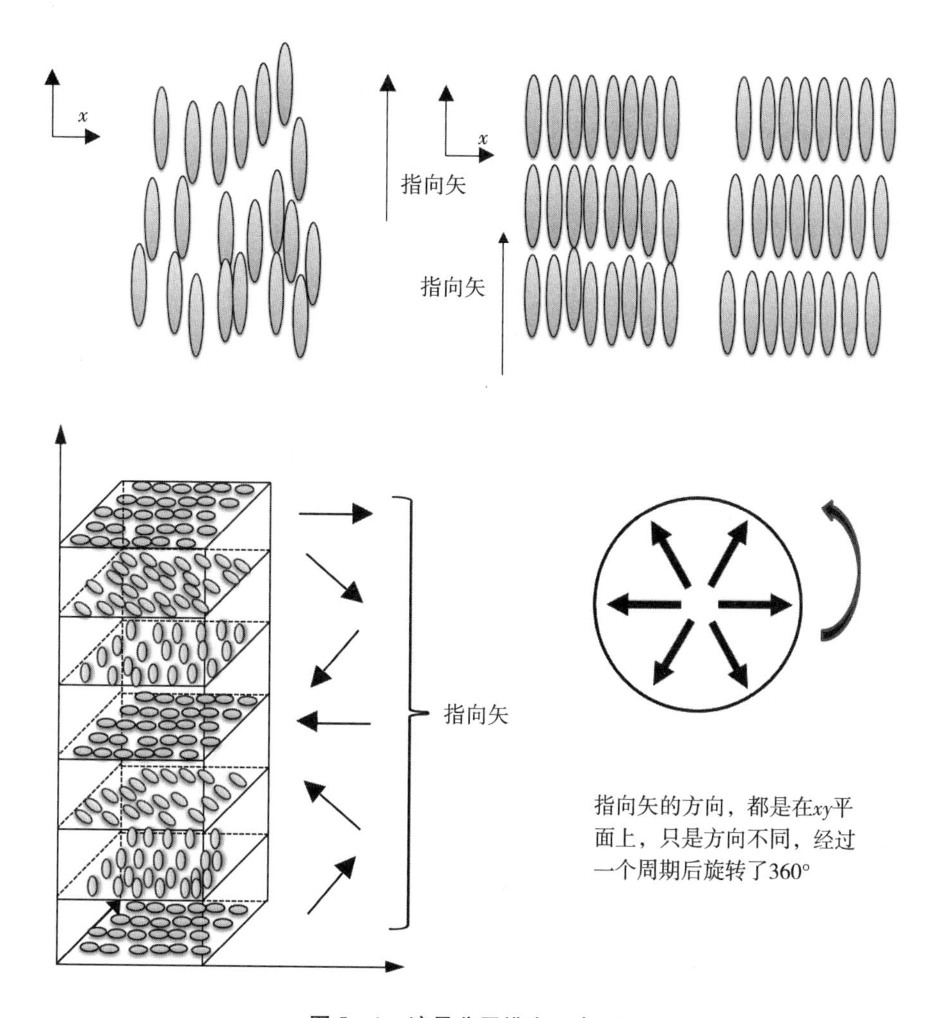

图 5－1　液晶分子排序示意图

本实验所采用的一台 SLM 为振幅兼相位调制，型号为 LC-R720，液晶为 TN 型，以下介绍 TN 型 SLM 实现光的通断原理。TN 型液晶 SLM 的结构如图 5－2 所示，两块导电玻璃基板中间充入具有正介电各向异性的向列液晶（NP 型液晶），液晶分子沿面排列，但分子长轴在上下基片之间连续扭曲 90°，从上到下形成逐渐扭曲排列（TN）的液晶夹层。当自然光从上面射入上玻璃板时，通过偏振片的作用变成线偏振光，此偏振光穿过液晶分子时，受到扭曲排列的液晶分子的调制，偏振方向旋转 90°，刚好与下层的偏振片的偏振方向平行，因此可以顺利通过液晶夹层。

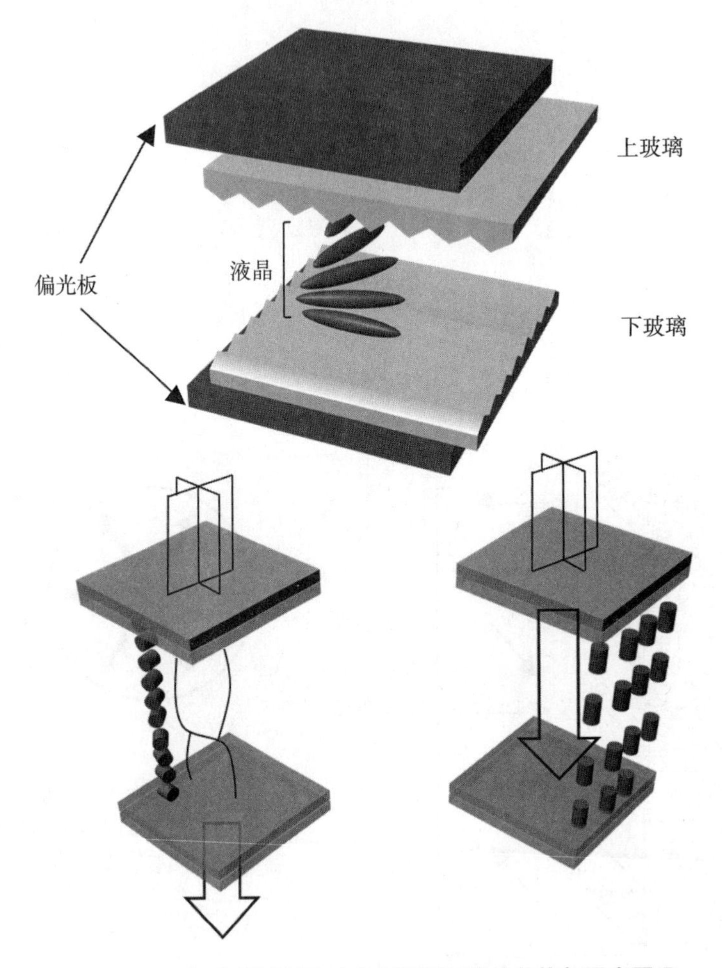

图5-2　扭曲向列型液晶空间光调制器的结构与通光原理

5.1.3　实验器材

He-Ne激光器；可变衰减片A；半玻片P；反射镜M_1；偏振片P_1、P_2；SLM；功率计G；白屏；可变光阑。

5.1.4　实验内容与步骤

(1) 调节激光器，使其出射的光束平行于实验台。具体操作是固定一个可变光阑的高度和孔径，移动光阑，使出射光在近处和远处都可通过光阑。

(2) 参考图5-3，摆放好其他实验器材并调整器材使其与光路同轴（先不放入后面的偏振片）。

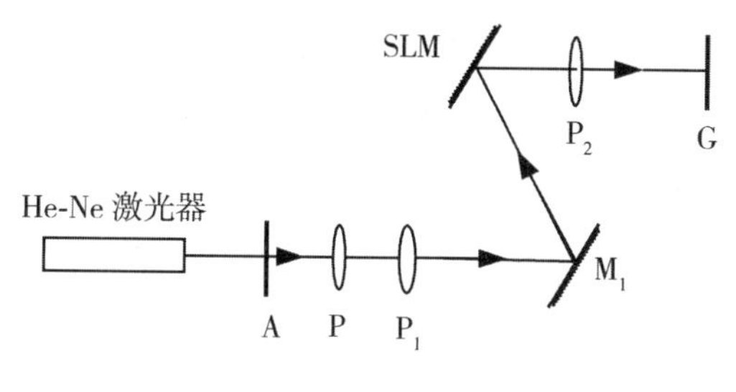

图 5-3　实验光路

（3）将半波片 P、偏振片 P_1 的偏正方向调整到竖直位置，并记录此时半波片 P 的角度。

（4）使半波片 P、SLM、功率计 G 同轴。实验中 SLM 处于断电状态。

（5）旋转半波片 P，观察功率计 G 读数的变化。当功率计 G 读数为最大值时，记录此时半波片 P 的旋转角度（$0 \leqslant \omega \leqslant \frac{\pi}{2}$）。

（6）在 SLM 后方加入偏振片 P_2，调整偏振片 P_2 与其他器材同轴，旋转后加入的偏振片 P_2。观察功率计 G 读数，当其读数最大时，记录此时偏振片 P_2 的偏振角度 φ_2。由半波片 P 旋转和 φ_2 即可计算出 SLM 的自然扭曲角度。

（7）SLM 自然扭曲角度测量结果记录及计算：

①SLM 前表面液晶分子的取向等于入射光的偏振方向：$\varphi_1 = 2\omega$，此处定义竖直方向为 0°。

②SLM 后表面液晶分子的取向等于偏振片 P_2 的偏振角度 φ_2。

③SLM 自然扭曲角度可以表示为：$\alpha = \varphi_1 - \varphi_2 + m\pi$，其中 m 为整数。

④数据记录及处理，绘制合适的表格。

5.2　液晶空间光调制器的振幅调制测量实验

5.2.1　实验目的

（1）了解振幅型相位 SLM 的结构及工作原理。

（2）测量 SLM 振幅调制模式的光束偏振方向。

（3）观察 SLM 振幅调制模式下的成像。

5.2.2　实验原理

液晶 SLM 对光的调制有三种模式，分别是振幅调制、相位调制、振幅兼相位调制。本实验通过了解振幅型相位 SLM 的工作原理，来测量 SLM 振幅模式时的偏振角度以及在这种模式下的成像情况。

在 SLM 液晶屏的使用中，光线依次通过起偏器 P_1、液晶分子、检偏器 P_2。如果在液晶夹层上加一个电压超过某个阈值 V 后，NP 型液晶分子长轴开始沿电场倾斜，当电

压达到 $2V$ 时，除电极表面分子外，所有液晶夹层之间的液晶分子均变成沿电场方向排列，此时 TN 型液晶的旋光特性消失，通过夹层的光未受到调制，当到达底层偏振片时，由于偏振方向与偏振片垂直，光不能通过液晶夹层。

对于液晶夹层加载不同的电压，液晶分子长轴和电场之间会有不同的夹角，光的偏振方向不完全与下层偏振片垂直，此时，改变了液晶的双折射，可以使线偏正光部分通过，液晶的有效双折射率可以表示为：

$$\frac{1}{n_e^2\theta}=\frac{\cos^2\theta}{n_e^2}+\frac{\sin^2\theta}{n_o^2} \tag{5.1}$$

其中，$n_e^2\theta$ 为液晶的有效折射率，n_e 为液晶的异常折射率，n_o 为液晶的寻常折射率，θ 是液晶分子指向矢和电场方向的夹角。

对于液晶这种复杂的双折射旋光介质，用琼斯矩阵的计算比较复杂，因为不同的模型会有不同的表达式。有人最早提出的简单模型认为，液晶分子扭曲 90°是均匀变化，在某一固定电场下，分子的倾斜角度不因 z 而变化，即不考虑边缘效应。该模型给出了液晶层自然状态下的琼斯矩阵：

$$J = \exp(-j\psi)\begin{bmatrix} \frac{\pi}{2\gamma}\sin\gamma & \cos\gamma + j\frac{\beta}{\gamma}\sin\gamma \\ -\cos\gamma + j\frac{\beta}{\gamma}\sin\gamma & \frac{\pi}{2\gamma}\sin\gamma \end{bmatrix} \tag{5.2}$$

其中，$\beta=\frac{\pi d}{\lambda}(n_e-n_o)$，$\psi=\frac{\pi d}{\lambda}(n_e-n_o)$，$\gamma=\left[(\frac{\pi}{2})^2+\beta^2\right]^{\frac{1}{2}}$。

所以当有电场存在时，液晶层的琼斯矩阵就是将式（5.2）中的 n_e 用 $n_e\theta$ 来代替。计算出的偏振片和液晶组成的系统的琼斯矩阵，进一步由复振幅可分别得到系统的强度变化和相位变化。

$$T = \left[\frac{\pi}{2\gamma}\sin\gamma\cos(\varphi_1-\varphi_2)+\cos\gamma\sin(\varphi_1-\varphi_2)\right]^2 \tag{5.3}$$

$$\sigma = \beta - \tan^{-1}\frac{\frac{\beta}{\gamma}\sin\gamma\cos(\varphi_1+\varphi_2)}{\frac{\pi}{2\gamma}\sin\gamma\cos(\varphi_1-\varphi_2)+\cos\gamma\sin(\varphi_1-\varphi_2)} \tag{5.4}$$

由式（5.3）、（5.4）可知，当 SLM 其他参数保持不变，通过改变和，使相位基本保持不变，而强度 T 随着液晶屏所加电压的变化而变化，此时 SLM 为强度调制模式。

5.2.3　实验器材

He-Ne 激光器；可变衰减片 A；半玻片 P_1；反射镜 M_1；偏振片 P；SLM；透镜 L；功率计 G；CCD 相机及白屏。

5.2.4　实验内容与步骤

（1）按照图 5－4 安装各实验器材。

（2）调节激光器出射的光束，使其与实验台平行。具体操作方法参见实验 5.1 的步骤（1）。

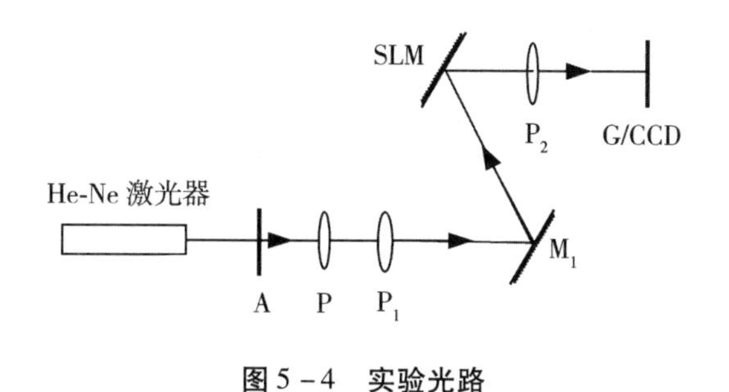

图 5－4　实验光路

（3）将半波片 P_1 和激光器的偏振方向调到竖直方向，并记录半波片 P_1 的角度。

（4）取下偏振片 P，旋转半波片 P_1，观察功率计 G，当读数最大时，记录半波片 P_1 旋转过的角度。

（5）插入偏振片 P，将半波片 P_1 的角度固定在步骤（4）的角度，旋转偏振片 P，使其方向为竖直方向。

（6）在灰度输入控制面板中，从 0 灰度开始，改变 SLM 输入图像的灰度值，每改变某一固定灰度（如 25）记录一次功率计 G 的读数，直到 255 灰度为止。记录数据并绘制相应表格。

（7）将偏振片 P 依次旋转 20°直至 180°，重复步骤（5）。绘制灰度—光功率的曲线图，找出光功率随灰度变化改变最大时的 φ_2 值，则此时 SLM 为强度调制模式。

（8）将 SLM 调节在强度调制模式，在光路中加入透镜 L，调节光路使光束通过透镜 L 的中心，将白屏放置在图像显示最清晰处，连接好 SLM 电源和数据传输线。

（9）打开 SLM 强度显示器，如图 5－5 所示，点击 🗁，获取要读取图片的路径，点击“预览图像”，可以在程序界面观察读取的图片；点击“播放”，在白屏上观察图像，可输入不同图片，在白屏上观察图像的变化；或者撤去白屏放置 CCD 相机，利用图像采集系统程序观察。

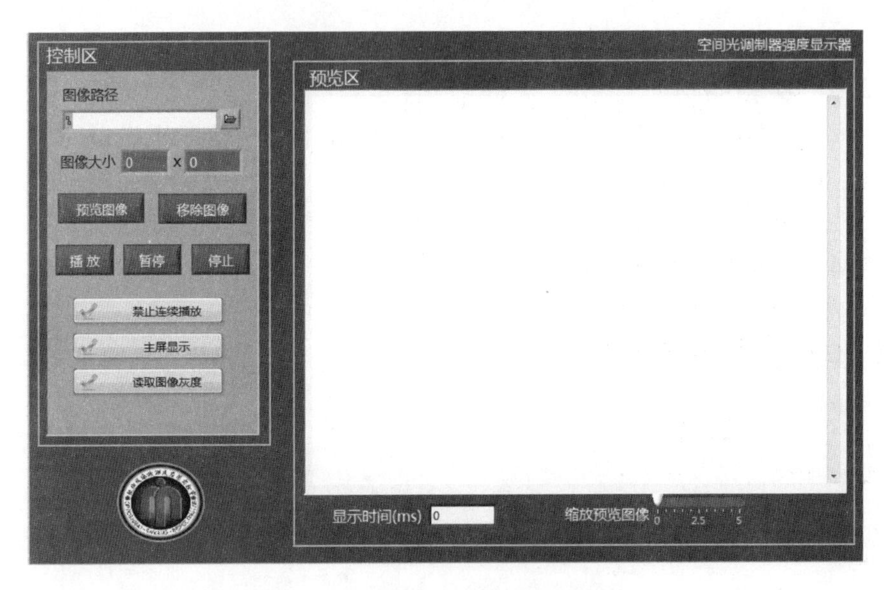

图 5－5　空间光调制器强度显示器

（10）打开基本光学元件生成程序，在程序界面选择需要生成的元件按钮，在功能区对参数进行设定，点击“计算”和“输出 SLM”，观察白屏上显示的图像。

基本光学元件生成程序：程序界面如图 5－6 所示，界面左边为各光学元件的选择按钮；界面中间区域为元件图像显示区，其右下角为“清屏”按钮；界面右边为各光学元件的参数设定区；界面左下角为元件图像的大小和保存路径；界面右下角按钮“输出 SLM”和“停止”是用来控制元件读入 SLM 的。图示以生成单缝为例。

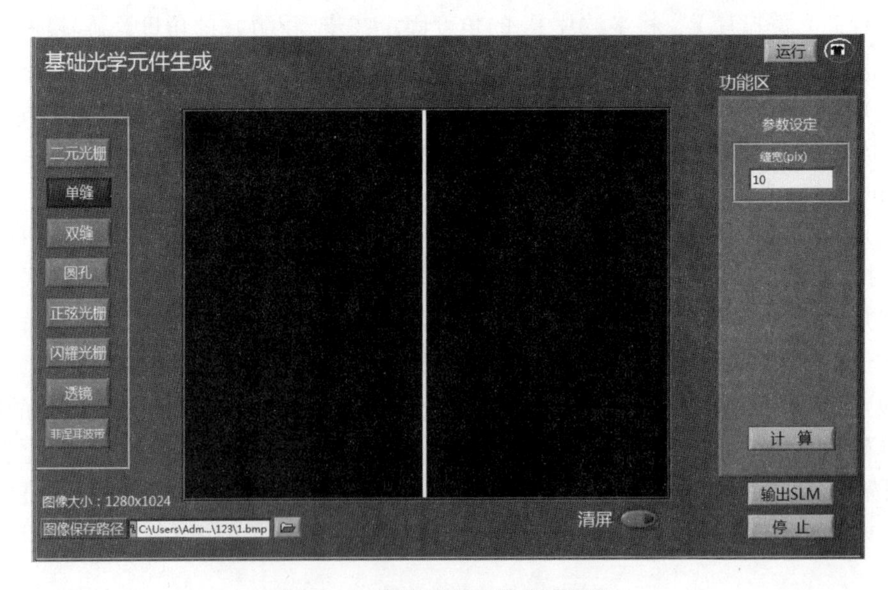

图 5－6　基本光学元件生成程序

5.3　液晶空间光调制器的相位调制测量实验

5.3.1　实验目的

（1）了解纯相位型 SLM 的结构及工作原理。

（2）测量 SLM 相位调制模式的光束偏振方向。

（3）观察 SLM 相位调制模式下的成像。

5.3.2　实验原理

实验使用的另外一台空间光调制器为反射式纯相位调制，型号是 rSLM-Ⅱ，液晶为普通向列（N）型。下面介绍纯相位型 SLM 的结构和原理。液晶介质对光的调制程度与光的偏振态有关，将偏振光分解为两种正交的状态的偏振光分量：垂直纸面（用⊥表示）和平行纸面（用‖表示），如图 5－7 所示，液晶加载电场在纸面上旋转后，垂直分量始终垂直于纸面，因此，液晶的旋转对该分量的折射率 *OB* 保持不变，该分量为 o 光，液晶层对此分量不能实现相位调制，对于全息图来说是一个直流分量（背景光），可以用偏振片将其滤除。对于平行纸面的分量来说，当液晶旋转时，该分量的折射率 *OA* 也随着变化，即为 e 光，其折射率可以表示为：

$$\frac{1}{n_e^2\theta}=\frac{\cos^2\theta}{n_\perp^2}+\frac{\sin^2\theta}{n_\parallel^2} \tag{5.5}$$

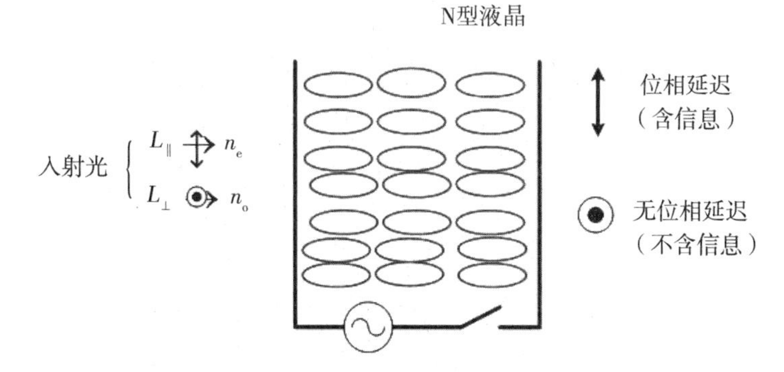

图 5－7　向列型液晶对不同偏振光的调制

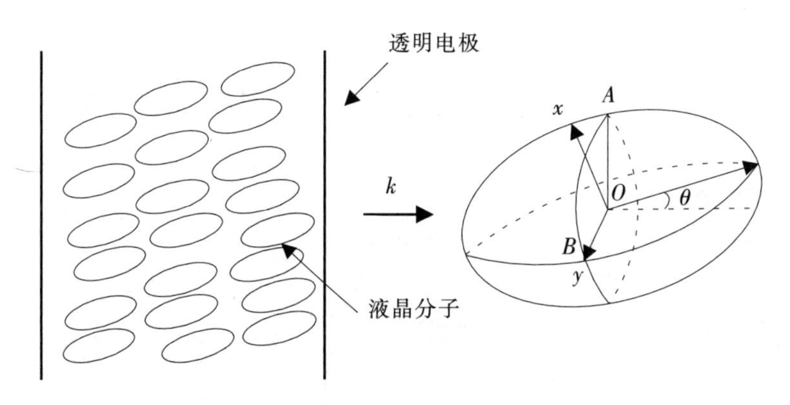

图 5－8　液晶分子转角后的排列方向

因此，要想实现纯相位调制，必须选择特定偏振状态的光作为入射光。液晶夹层的琼斯矩阵可以表示为：

$$J_{LC}=\begin{bmatrix}A & B\\ C & D\end{bmatrix} \tag{5.6}$$

$$\begin{cases}A=\cos\varphi\cos\beta+\dfrac{\varphi}{\beta}\sin\varphi\sin\beta+i\dfrac{\alpha}{\beta}\cos\varphi\sin\beta\\ B=-\sin\varphi\cos\beta+\dfrac{\varphi}{\beta}\cos\varphi\sin\beta+i\dfrac{\alpha}{\beta}\sin\varphi\sin\beta\\ C=-B^{*},\ D=A^{*},\ \alpha=\dfrac{\Delta nd_{L}\pi}{\lambda},\ \beta=\sqrt{\varphi^{2}+\alpha^{2}}\end{cases} \tag{5.7}$$

其中，φ 为液晶旋转角度，λ 为入射波长，$\Delta n=n_{\parallel}-n_{\perp}$，$d_L$ 为液晶夹层的厚度。当正入射时，φ 为0，液晶夹层与偏振片（透光轴沿 x 轴）的琼斯矩阵分别为：

$$J_{LC\text{-}N}=e^{-i\alpha}\begin{bmatrix}e^{i2\alpha} & 0\\ 0 & 1\end{bmatrix},\ J_{P}=\begin{bmatrix}1 & 0\\ 0 & 0\end{bmatrix} \tag{5.8}$$

两分量偏振光通过液晶夹层和偏振片后的光可以表示为：

$$\begin{bmatrix}E_x'\\ E_y'\end{bmatrix}=J_{LC\text{-}N}J_{P}\begin{bmatrix}E_x\\ E_y\end{bmatrix}=e^{-i\alpha}\begin{bmatrix}E_x\cdot e^{i2\alpha}\\ 0\end{bmatrix} \tag{5.9}$$

E_x 光的最大相位调制量为：

$$phaseshift_{\max}=2\alpha=\frac{2\pi\Delta nd_{L}}{\lambda} \tag{5.10}$$

从以上两式可知，整个过程没有光强衰减，实现了对光的纯相位调制。在本实验的应用中，由于采用正入射时需要分束镜将入射光和出射光分离，效率被降低，因此，实际上通常采用斜入射的方式来实现入射光和出射光的分离。在斜入射的情况下，其等效相位调制量为：

$$phase(\varphi,\theta)=\frac{2\pi d_L\,|n_e(\theta-\varphi)-n_e(0)|}{\lambda\cos\varphi}+\frac{2\pi d_L\,|n_e(\theta+\varphi)-n_e(0)|}{\lambda\cos\varphi} \tag{5.11}$$

其中，φ 是入射光与液晶夹层法向量的夹角。

5.3.3　实验器材

He-Ne 激光器；可变衰减片 A；反射镜 M；偏振片 P_1、P_2；SLM；分束镜 BS；CCD 相机及功率计 G。

5.3.4　实验内容与步骤

（1）根据图 5 - 9（纯相位调制实验装置图）安装好器材。

（2）调节激光器出射的光束，使其与实验台平行。操作方法参见实验 5.1 的步骤（1）。

（3）固定可变衰减片 A 的位置，调节偏振波片 P_1 使光束垂直通过偏振片 P_1 平面中心，调节各器材高度，使激光器、偏振片 P_1 和反射镜 M 同轴。

（4）调节分束镜 BS，使光束通过分束镜 BS 后，其反射光与透射光垂直。微调反射镜 M 的位置与方向，使分束镜 BS 的透射光通过反射镜 M 反射后，透过分束镜 BS 中心位置并输出到 CCD 相机上；调节 SLM 的旋钮和分束镜 BS，使 SLM 透射光与全反射镜的反射光重合，并形成清晰稳定的干涉条纹。

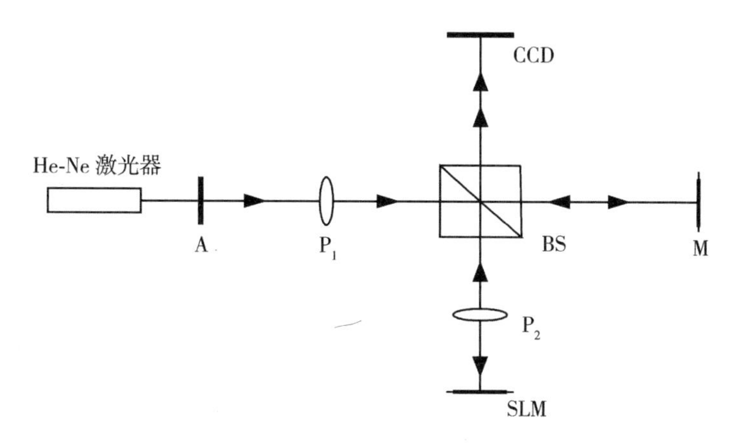

图 5 - 9　纯相位调制实验装置图

（5）调节置于 SLM 前的偏振片 P_2 的角度，分别从 0°～180°每隔 10°旋转一次，采用 SLM 强度显示软件（图 5－10），使 SLM 读入的图片从 0 灰度，每次增加 25 灰度，一直调到 250 灰度，并记录功率计 G 的读数。

（6）打开 CCD 相机，关闭 SLM 强度显示软件，打开图像采集系统程序，并选择 SLM 模式。选择读入 SLM 的图片路径，设定采图总数及采图间隔，点击“开始采图”，进行图像采集。

图像采集系统程序：程序界面如图 5－10 所示，界面左方显示区为实时图像显示区域；界面右方为控制区域，其中包括 CCD 分辨率大小、图像输出增益、采集模式及图像保存路径等控件，采集模式有 SLM 加图和不加图模式，点击“查看光强”可显示当前采集图像的灰度值。

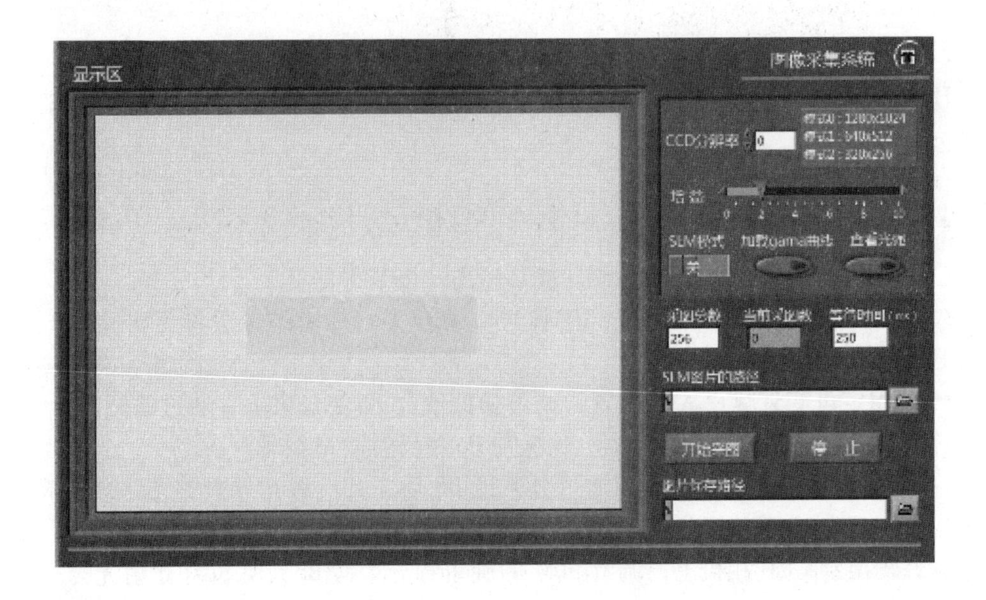

图 5－10　图像采集系统程序界面

（7）应用 AIA 相移量计算程序，计算出采集的加载不同灰度时产生干涉图相对于加载 0 灰度值时干涉图的相位差。对比采集的 19 组干涉图算出的相移量曲线，选择一组最趋近于直线变化的干涉图，记录其对应偏振方向。观察选取的相移量曲线，将对应的数据记录于表 5－2 中，并绘制灰度—相位差关系图，分析此状态下 SLM 的相位调制能力。

表 5－2

灰度	0	25	50	75	100	125	150	175	200	225	250	255
相位差	0											

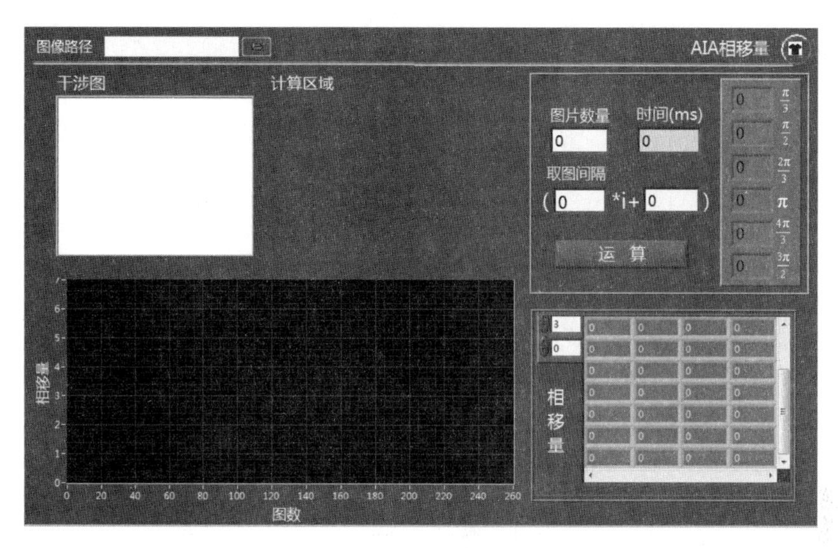

图 5－11　AIA 相移量计算程序

5.4　液晶空间光调制器的相位调制校正实验

5.4.1　实验目的

（1）了解 SLM 相位调制原理。

（2）测定校正后 SLM 相位调制灰度与相位变化的对应关系。

（3）观察校正后 SLM 相位调制下的成像情况。

5.4.2　实验原理

在实验中实际对光进行纯相位调制时，通过加载一幅与 SLM 面板相同分辨率的灰度图到液晶面板，图中的灰度值与驱动电压对应，而驱动电压与相位调制量对应，然而相移调制量与灰度值不一定是对应的线性关系，同时相移调制量还跟偏振方向有关系，因此，在对光进行相位调制时，要先确定偏振方向、灰度值、相移量的准确关系。通常可参照厂家提供的查找表，但是为了方便使用灰度图，有时还需要进行线性校准。校准可以通过搭建干涉光路，使其中一束光通过 SLM 来实现相移，测量相移干涉图的相移量来确定。

本实验采用对应的 SLM 校正程序来对提供的 SLM 进行相位调制校正。SLM 校正程序的工作原理：根据确定的光束偏振方向、灰度值和相移量所对应的灰度值，根据灰度与相移量关系查找表或者伽马曲线来校正相位调制。

空间光调制器 LC-R720 出厂时提供了灰度与相移量查找表的对应关系，在灰度 0～255 中，每个灰度都对应一个查找表的值，而查找表中的每一个值对应于一个加载在 SLM 液晶像素两端的电压值。图 5－12 为空间光调制器 LC-R720 在实际使用时根据查找表得到的相位调制曲线，所以在校正中应该根据实际获得的相位调制曲线与图示曲线进行分析，改变并获得新的灰度与查找表的值的关系，使得相位调制曲线趋近于线性关系。

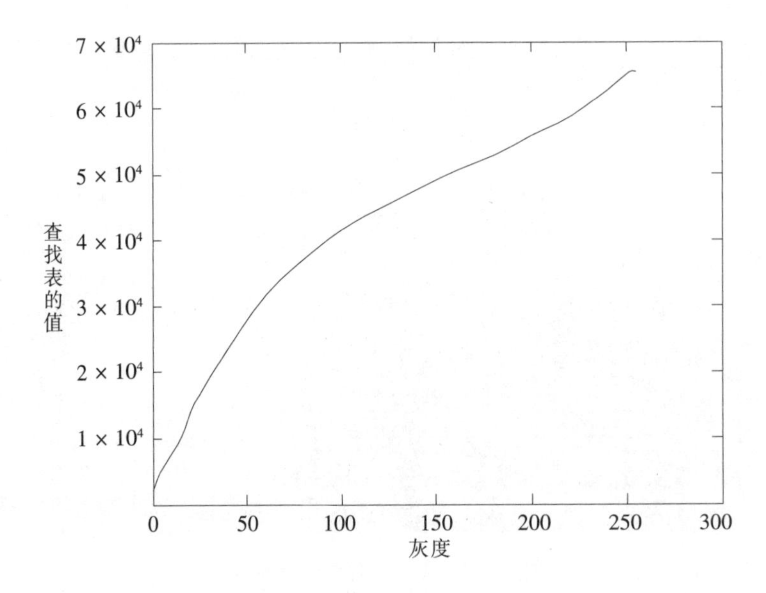

图 5－12　空间光调制器 LC-R720 加载的灰度与查找表的值的关系

由于 rSLM-Ⅱ出厂未附有灰度与查找表的值的对应关系，只提供了伽马曲线，无法根据查找表来校正。其所提供的伽马曲线的作用是将实际输入的灰度值进行转换为其对应的一个灰度值。同样我们也可以根据伽马曲线来校正相位调制曲线，根据实验 5.3 获得的光束偏振方向、灰度值和相移量，将相移量在 $0 \sim 2\pi$ 内重新排布，以获得新的灰度值排序，作出新的伽马曲线。读入新的伽马曲线，将获得趋近于线性变化的相位调制曲线。SLM 校正程序就是根据此原理进行工作的。

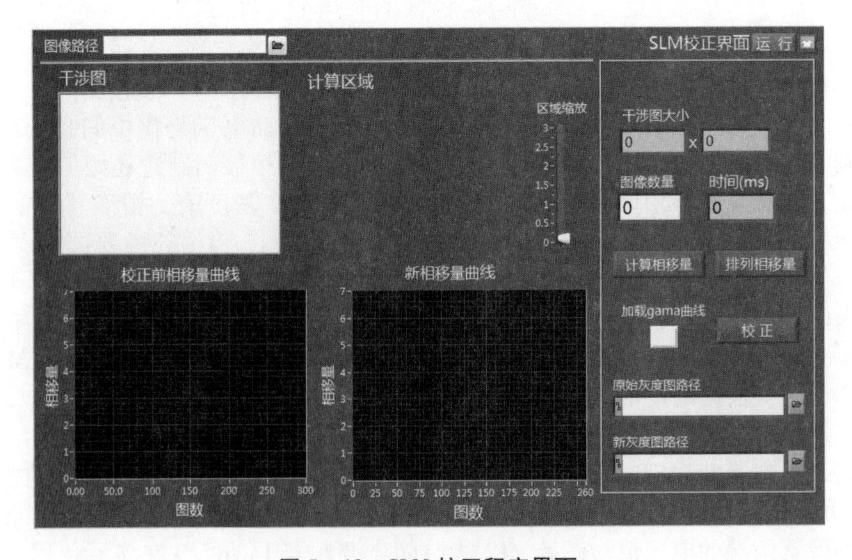

图 5－13　SLM 校正程序界面

5.4.3　实验器材

He-Ne 激光器；可变衰减片 A；反射镜 M；偏振片 P_1、P_2；SLM；分束镜 BS；CCD 相机。

5.4.4　实验内容与步骤

（1）根据图 5－9（纯相位调制实验装配图）安装好器材。

（2）调节激光器出射的光束，使其与实验台平行。操作方法参见实验 5.1 的步骤（1）。

（3）固定可变衰减片 A 的位置，调节偏振波片 P_1 使光束垂直通过偏振片平面中心，调节各器材高度，使激光器、偏振片 P_1 和反射镜 M 同轴。

（4）调节分束镜 BS，使光束通过分束镜 BS 后，其反射光与透射光垂直。微调反射镜 M 的位置与方向，使分束镜 BS 的透射光通过反射镜 M 反射后，透过分束镜 BS 中心位置并输出到 CCD 相机上；调节 SLM 的旋钮和分束镜 BS，使 SLM 透射光与全反射镜的反射光重合，并形成清晰稳定的干涉条纹。

（5）调节置于 SLM 前的偏振片 P_2 的角度为实验 5.3 中所确定的最佳偏振方向，打开 CCD 相机，打开图像采集系统程序，并选择 SLM 模式。选择读入 SLM 的灰度图路径，设定采图总数（256）及采图间隔（250），点击“开始采图”，进行图像采集。

（6）采集干涉图后，打开 SLM 校正程序，点击图像路径 🗁，获取采集的干涉图存放路径；确定原始灰度图路径和新灰度图路径；设定图像数量，在界面干涉图区域截取一矩形子图，在界面计算区域中显示该矩形子图，可对该矩形子图进行缩放和查看。

（7）点击“计算相移量”按钮，得到校正前相移量曲线；点击“排列相移量”，得到新相移量曲线，此时显示的是将采集的干涉图线性重新排列，同时也产生新的伽马曲线；将新的伽马曲线取代原始的伽马曲线，加载入 SLM。

（8）校正工作完成后，选取一幅非单灰度值的图像载入 SLM，在图像采集系统程序中观察图像，并分析所观察到的现象。

5.5　微光学元件设计与测量实验

5.5.1　实验目的

（1）了解衍射光学和衍射光学元件的设计与测量。

（2）了解正弦光栅、闪耀光栅等光栅的工作原理。

（3）学会光栅的设计和测量。

5.5.2　实验原理

衍射光学是一门基于光波衍射理论的学科，是能够利用计算机的辅助设计和超大规模集成电路的制作工艺，在传统光学器件表面上刻蚀不同的浮雕结构，形成纯相位、同轴再现、衍射效率极高的光学元件的学科。衍射光学元件是基于光波的衍射理论的光学元件。

衍射光学元件的设计理论可分为两大类：标量衍射理论和矢量衍射理论。标量衍射理论是只考虑光矢量的一个横向分量的标量振幅，假定其他有关分量都可以用同样方式独立处理，忽略电矢量和磁矢量的各个分量，并按麦克斯韦方程组的耦合关系来研究光的方法。矢量衍射理论是基于严格的电磁场理论，在适当的边界条件和使用数学工具的基础上来求解麦克斯韦方程组。

目前衍射光学元件的制作技术包括机械方法、干涉技术、灰度掩膜法等。机械方法包括单点金刚石车削、刻划衍射光栅和金刚石切入磨削等；干涉技术可利用标准波、傅里叶合成和多光束干涉法制作波带片；灰度掩膜法是一种光掩膜法，可分为直写灰度掩膜法、模拟灰度掩膜法和其他灰度掩膜法。根据不同需求，可以使用多种不同的方法制作衍射光学元件。获得高效率、低成本、生产周期短的衍射光学元件生产技术是该领域重要研究。

光栅是一种非常重要的光学元件。从广义来说，光栅是一种可以使入射光的振幅或相位进行周期性空间调制的光学元件。而我们一般所说的狭义的光栅，是指根据衍射效应对光进行调制的衍射光栅。按照光受到的调制方式，光栅有振幅型光栅和相位型光栅；按照光栅的工作方式，光栅可分为正弦光栅和反射光栅。

正弦光栅在信息光学中具有非常重要的作用，其应用的物理基础在于光栅鲜明的衍射特征。在光栅平面上，透过率沿栅线垂直方向按正弦（或余弦）规律变化，称为正弦光栅。对于大小为 $L \times L$ 的正弦光栅，其透过率函数可表示为：

$$t(x_0,\ y_0) = \exp\left(j\frac{m}{2}\sin 2\pi f_0 x_0\right)\mathrm{rect}\frac{x_0}{L}\mathrm{rect}\frac{y_0}{L} \tag{5.12}$$

式（5.12）中，f_0 为光栅的空间频率，其光栅常数（即空间周期）为$\frac{1}{f_0}$。

对 $t(x_0,\ y_0)$ 进行傅里叶变换，根据卷积定理，求出透射波的频谱：

$$\Gamma[t(x_0,\ y_0)] = FT\left[\exp\left(j\frac{m}{2}\sin 2\pi f_0\right)\right]FT\left(\mathrm{rect}\frac{x_0}{L}\mathrm{rect}\frac{y_0}{L}\right) \tag{5.13}$$

利用贝塞尔函数恒等式：

$$\exp\left(j\frac{m}{2}\sin 2\pi f_0\right) = \sum_{q=-\infty}^{+\infty} J_q\frac{m}{2}\exp(j2\pi f_0 x_0) \tag{5.14}$$

式（5.14）是 q 阶第一类贝塞尔函数，可得：

$$FT\left[\exp\left(j\frac{m}{2}\sin 2\pi f_0\right)\right] = \sum_{q=-\infty}^{+\infty} J_q\frac{m}{2}\sigma(f_0 - qf_0,\ f_y) \tag{5.15}$$

$$FT\left(rect\frac{x_0}{L}rect\frac{y_0}{L}\right) = L^2\mathrm{sinc}(Lf_x)\mathrm{sinc}(Lf_y) \tag{5.16}$$

在衍射距离为 z 处，正弦光栅的频谱为：

$$\Gamma(f_x, f_y) = \sum_{q=-\infty}^{+\infty} L^2 J_q \frac{m}{2}\mathrm{sinc}[L(f_x - qf_x)] \cdot \mathrm{sinc}(Lf_y) \Bigg|_{\substack{f_x = \frac{x}{\lambda_z} \\ f_y = \frac{y}{\lambda_z}}} \tag{5.17}$$

按夫琅禾费衍射定义，正弦光栅的复振幅分布为：

$$U(x, y) = \frac{\exp(j\lambda z)}{j\lambda z}\exp(jk\frac{x^2 + y^2}{2z}) \cdot \Gamma(f_x, f_y) \tag{5.18}$$

式（5.18）中，$C = \frac{\exp(j\lambda z)}{j\lambda z}\exp(jk\frac{x^2 + y^2}{2z})$ 为一个复常数。光强分布为：

$$I(x, y) = U(x, y)U^*(x, y) \tag{5.19}$$

$$I(x, y) = A\sum_{q=-\infty}^{+\infty} J_{2q}\frac{m}{2}\mathrm{sinc}^2\left[\frac{L}{\lambda z}(x - q\lambda f_0 z)\right]\mathrm{sinc}^2\frac{Ly}{\lambda z} \tag{5.20}$$

从光强函数可以看出，每个衍射极大值到衍射图样的中心距离为 $\Delta = q\lambda f_0 z$，与光栅大小无关。测量一级衍射光斑到中心光斑的距离，并与理论值比较。

闪耀光栅，亦称小阶梯光栅，是一种设计在特定衍射级别产生最大衍射效率的特定反射或者透射衍射光栅。由于具有零级分光和易满足缺级的特性，其衍射效率非常高。闪耀光栅的刻槽面与光栅面不平行，它们之间的夹角称为闪耀角，闪耀角使单个刻槽面衍射的中央极大和诸槽面间干涉零级主极大分开，将光能量从干涉零级主极大，该级称为零级光谱，转移并集中到某一级光谱上，实现该级光谱的闪耀。

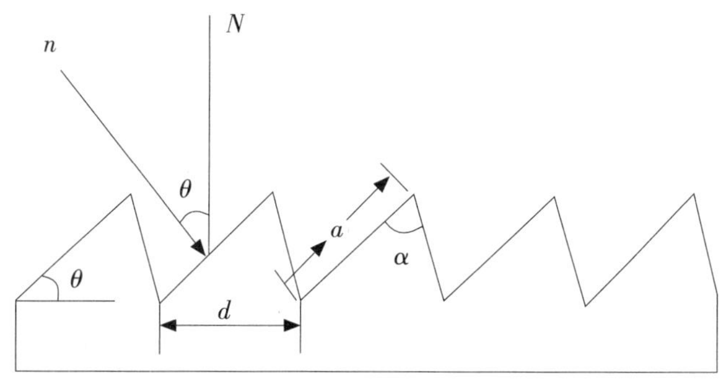

图 5－14　闪耀光栅示意图

顶角为 α，闪耀角为 θ（槽面与光栅平面的夹角，也是它们的法线之间的夹角），光栅常数为 d。

图 5－14 是闪耀光栅示意图。平行光沿槽面法线 n 方向入射，单槽衍射的零级是沿原方向返回。相邻槽面之间在这个方向上有光程差。满足下面式子的称为一级闪耀波长：

$$d(\sin\theta + \sin\beta) = \lambda \tag{5.21}$$

光栅的单槽衍射零级主级大正好落在光波的一级谱线上。由于在闪耀光栅中，光谱的其他级几乎都落在单槽衍射的暗线位置形成缺级，因此约 90% 的光能可以集中到光的一级谱上，大大增加了其强度。当入射角为 β 时，m 为衍射级，闪耀光栅的光栅方程为：

$$d(\sin\beta + \sin\alpha) = m\lambda \tag{5.22}$$

闪耀光栅的衍射效率受到入射波长和光栅结构参量等因素的影响，准确地分析计算闪耀光栅的衍射效率特性具有十分重要的实际意义。

菲涅耳波带片是菲涅耳衍射一个重要的应用，并且是全息照相的基础，它与一般的透镜相比，拥有无球差及慧差等像差的优点。下面以点光源来举例阐述菲涅耳波带片的基本原理。

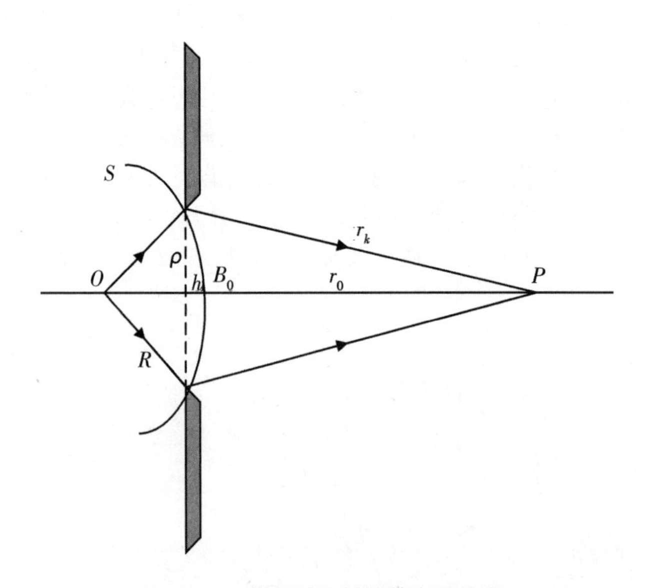

图 5－15　菲涅耳衍射的基本原理图

在图 5－15 中，O 为点光源，S 为任一时刻的波面，R 为波面半径。计算光波到达对称轴上任一点 P 时的振幅，连结 O、P，OP 与波面相交的点称为 P 点对于波面的极点，r_0 为波面极点到 P 点的距离。设将波面分为 k 个环形带，由图可得：

$$\rho^2 = \rho_k^2 = r_k^2 - (r_0 + h)^2 \tag{5.23}$$

当 h 比 r_0 小很多时，可将 h^2 省去，得到：

$$\rho^2 = \rho_k^2 = r_k^2 - r_0^2 - 2_0 h \tag{5.24}$$

由于两个相邻带的相应边缘到 P 点的距离相差半个波长，其中

$$r_k^2 - r_0^2 = (r_0 + k\frac{\lambda}{2})^2 - r_0^2 \approx k\lambda r_0 \tag{5.25}$$

由图可得：

$$R^2 = (R - h)^2 + \rho^2 \tag{5.26}$$

得出：

$$h = k\frac{r_0}{R + r_0} \cdot \frac{\lambda}{2},\ k = \frac{\rho}{\lambda}\left(\frac{1}{r_0} + \frac{1}{R}\right) \tag{5.27}$$

当菲涅耳波带片的位置为 f 时，其焦距为：

$$f = r_0 = \frac{R_{hk}^2}{k\lambda},\ k = 1,\ 2,\ 3\cdots \tag{5.28}$$

即焦距 f 为：

$$f_n = \frac{1}{2n - 1} \cdot \frac{R_{hk}^2}{k\lambda} = \frac{1}{2n - 1}f,\ n = 1,\ 2,\ 3\cdots \tag{5.29}$$

图5－16　菲涅耳波带片图样

设计菲涅耳波带片时，波带片的焦距理论值往往和实际测量值有一定的误差。在实验中测量菲涅耳波带片的实际主、次级焦点，并与理论值比较。

5.5.3　实验器材

He-Ne激光器；可变衰减片A；半波片P；反射镜M；偏振片P_1、P_2；透镜L；CCD相机；SLM；白屏；可变光阑。

5.5.4　实验内容与步骤

（1）调节激光器，使其出射的光束平行于实验台。具体操作是固定一个可变光阑的高度和孔径，移动光阑，使出射光在近处和远处都可通过光阑。

（2）参考图5－17，摆放好其他实验器材并调整器材使其与光路同轴。

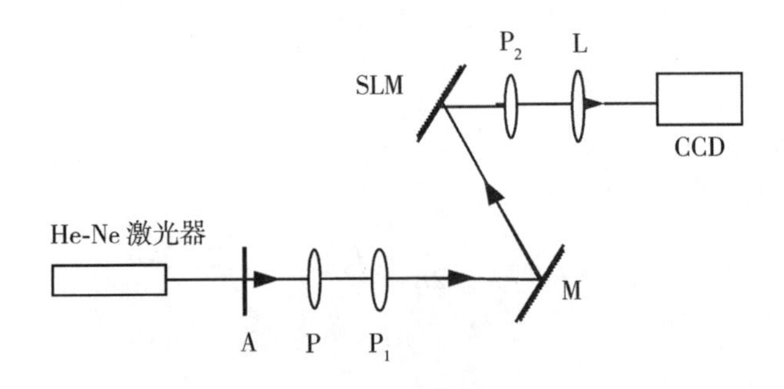

图5－17　实验装置图

（3）固定可变衰减片A的位置，调节偏振波片P_1使光束经过偏振片平面中心垂直通过，调整各器材高度，使激光器、偏振片P_1和反射镜M同轴；将偏振片P_1和偏振片P_2调至实验5.3中所确定的纯相位调制偏振角度。

（4）调整好光路后，可在白屏上看到光斑呈十字型分布，将白屏换成CCD相机，打开图像采集系统程序，根据CCD相机观察到的图像调整增益大小、曝光时间等参数，调整透镜L与CCD相机之间的距离，使CCD相机处于透镜L后焦平面上，调整CCD相机的高度，直至在图像采集系统程序界面看到最小最清晰的中心斑点（图5-18）。

图5-18　输出中心斑点图样

（5）打开基本光学元件生成程序，如图5-19所示，在程序界面选择“正弦光栅”，进入产生正弦光栅界面，在功能区的参数设定中输入需要的参数光栅周期t；点击“计算”得到正弦光栅图案；点击“输出SLM”按钮，将正弦光栅团输出到SLM上；填入图像保存路径，可将正弦光栅图案进行保存。

（6）观察图像采集系统程序输出的光斑，微调CCD相机底座和透镜L底座，使光斑呈圆形状。

（7）图像采集系统程序中，选择非SLM模式，输入采集图像数量（设置采图数量为10），输入图像保存路径，点击“开始采图”，利用画图软件测得图像中正负一级光斑中心像素位置分别为x_1和x_2，已知CCD相机的像素为5.2μm，则正负一级光斑中心实际距离为$(x_2-x_1)\times5.2\mu m$。重复测量5次，求平均值。

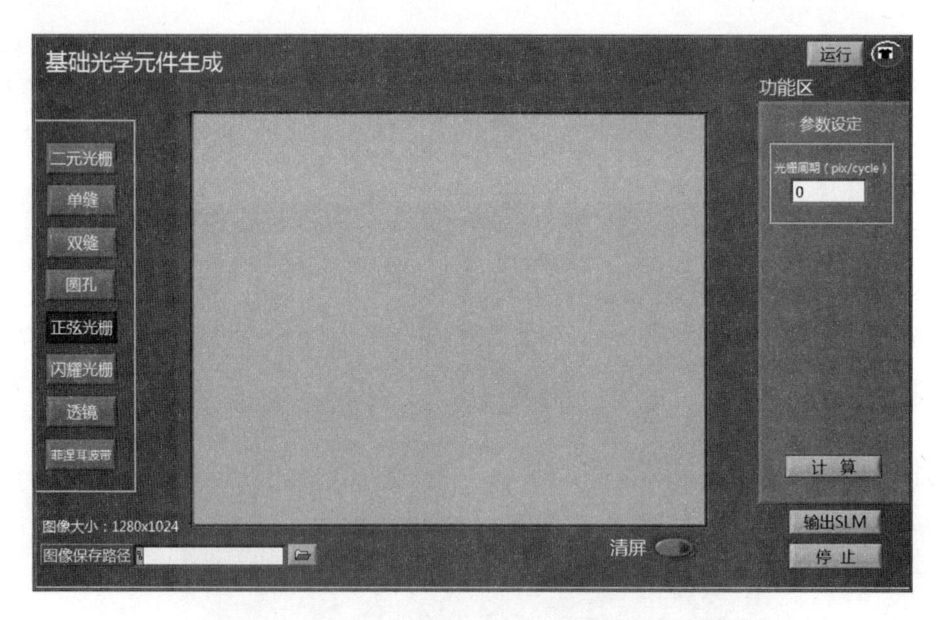

图 5-19　正弦光栅生成界面图

(8) 通过 $\Delta = q\lambda f_0 z$ 可计算出光栅常数的大小，空间光调制器的像素为 10μm。比较光栅常数与 $1/T$ 的大小。

(9) 保持光路不变，在基本光学元件生成程序界面依次选择闪耀光栅、二元光栅、单缝等，按照生成正弦光栅的步骤生成相应的光栅，分别在图像采集系统程序界面观察输出图像的现象，并进行分析。

(10) 保持光路不变，撤掉透镜 L 和 CCD 相机，将白屏放置在 CCD 相机处，在基本光学元件生成程序界面点击“菲涅耳波带”按钮，进入生成界面，在功能区的参数设定中，输入焦距、波长及半径等参量。

(11) 把白屏放置在大于设定的焦距处，并由远到近地移动白屏，观察现象。出现横亮条后，记录当前位置，继续向前移动直到观察到竖亮条，测量此时白屏的位置，以及白屏与 SLM 之间的距离。

(12) 根据式（5.29），寻找次级焦点，并与理论值相比较。

5.6　菲涅耳非相干数字全息系统测量实验

5.6.1　实验目的

(1) 了解菲涅耳非相干数字全息系统。

(2) 实现菲涅耳非相干数字全息系统实验。

(3) 分析影响再现像的因素。

5.6.2 实验原理

全息技术能够同时记录待测物体的振幅信息和相位信息，已经在三维形貌测量和相位定量测量等领域具有广泛的应用。数字全息由顾德门提出，其过程可分为干涉记录和衍射再现两个过程。

和普通全息不同的是，数字全息用CCD相机代替全息记录材料记录全息图，用计算机模拟再现取代光学衍射来实现所记录物场的数字再现，实现了全息记录、存储、处理和再现过程的数字化。但由于传统的数字全息对光源具有高度相干性和系统高稳定性的要求，限制了其在实际应用中的发展，非相干数字全息在一定程度上扩展了数字全息的应用。

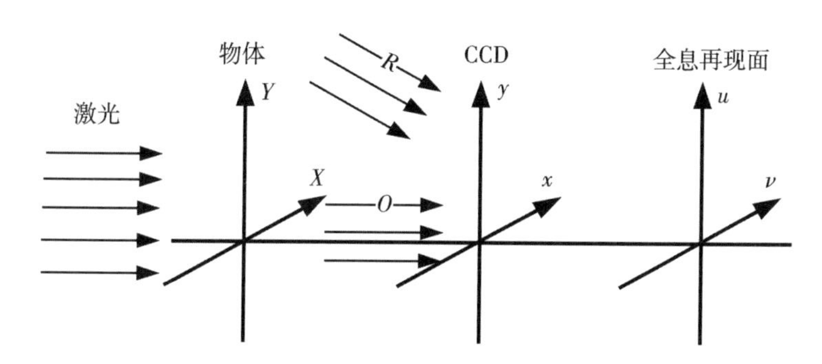

图5-20 数字全息记录与再现示意图

与采用激光光源的数字全息比较，非相干数字全息使用空间非相干光来照明物体实现全息图的记录，且记录过程中不会产生类似于激光全息术中固有的相干散斑噪声，所以可以获得更高质量的再现像。

菲涅耳非相干数字全息是基于物信息和菲涅耳波带片之间的相关实现非相干全息记录，通过空间光调制器上加载相位掩膜实现对同一入射光束的衍射分光和相移，记录带有不同相移角的全息图，从而再现过程抑制孪生像的影响。

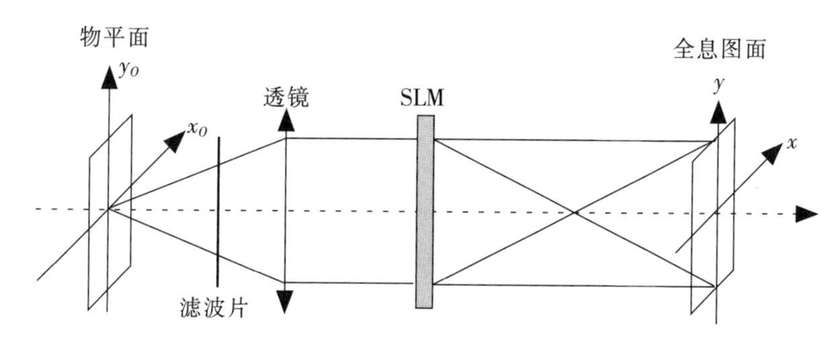

图5-21 菲涅耳非相干数字全息记录示意图

物体位于透镜的前焦平面。SLM上加载两束不同半径球面波相位叠加图后，SLM

作为光束分离器，将物体上每一点所发出的入射光分为两束半径不同的球面光波，这两束光波可看作是物光和参考光，在CCD记录面干涉形成子全息图，所有物点的子全息图叠加便形成一幅菲涅耳非相干全息图。

假设物体是物平面上的任意无穷小点 $O(x_O, y_O, z_O)$，d 是物平面与透镜之间的距离，f 为透镜的焦距，d_1 为透镜到SLM的距离，d_2 为SLM到CCD相机的距离。经过透镜和SLM后，光场在CCD记录面的复振幅为：

$$u_O(x, y) = \frac{a_0}{d}\exp(j\frac{2\pi}{\lambda}d)\exp[\frac{j\pi}{\lambda}\cdot\frac{(x-x_O)^2+(y-y_O)^2}{d}]\cdot\exp(-\frac{j\pi}{\lambda}\cdot\frac{x^2+y^2}{f})\otimes$$
$$\exp(\frac{j\pi}{\lambda}\cdot\frac{x^2+y^2}{d_1})\times F(x, y)\otimes\exp(\frac{j\pi}{\lambda}\cdot\frac{x^2+y^2}{d_2}) \tag{5.30}$$

$F(x, y)$ 为SLM的调制函数。无穷小点 $O(x_O, y_O, z_O)$ 在CCD平面的记录光强为：

$$I_O(x, y) = u_O\cdot u_O^* = A\Big\{B+\exp\{\frac{j\pi}{\lambda z_1}[(x+M_Tx_O)^2+(y+M_Ty_O)^2]+j\theta\}+$$
$$\exp\{-\frac{j\pi}{\lambda z_1}[(x+M_Tx_O)^2+(y+M_Ty_O)^2]-j\theta\}\Big\} \tag{5.31}$$

菲涅耳非相干数字全息再现是通过菲涅耳—基尔霍夫衍射积分公式计算得到再现光场，然后再现全息图得到再现像。利用菲涅耳衍射积分公式得到再现距离 z_1 处的再现光场的复振幅分布为：

$$g(x_I, y_I) = C_0\iint_{\Sigma}I(x, y)\times\exp(\frac{j\pi}{\lambda}\frac{x^2+y^2}{z_1})\times\exp(-\frac{2j\pi}{\lambda}\frac{xx_I+yy_I}{z_1})\mathrm{d}x\mathrm{d}y$$
$$= F[I(x, y)\times\exp(\frac{j\pi}{\lambda}\frac{x^2+y^2}{z_1})] \tag{5.32}$$

其中，$C_0=\frac{1}{j\lambda z_1}\exp(\frac{2j\pi}{\lambda}z_1)\exp(\frac{j\pi}{\lambda}\frac{x_I^2+y_I^2}{z_1})$，$I(x, y)$ 为记录的全息图强度。

5.6.3 实验器材

汞灯；可变衰减片A；分辨率板O；滤波片F；偏振片 P_1、P_2；SLM；透镜L；CCD相机。

5.6.4 实验内容与步骤

（1）根据图5-21（菲涅耳非相干数字全息系统实验装置图）摆放好器材。

（2）调节汞灯的出射光束，使其与实验台平行。操作方法参见实验5.1的步骤（1）。

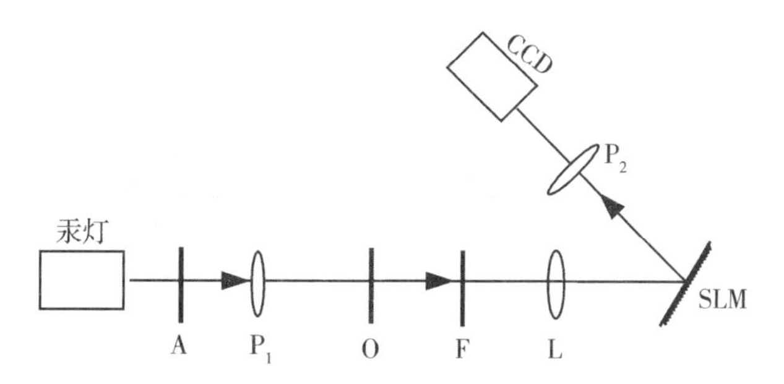

图5-22 非涅耳非相干数字全息系统实验装置图

（3）观察光源是否为平行光，若光源为非平行光则需将光源调为平行光。可采用两个透镜构成4f系统将光源调为平行光。

（4）确定光源调整为平行光后，加入偏振片P_1和透镜L，使光源透射偏振片P_1和透镜L中心，在透镜L前焦距处加入分辨率板O，使光源垂直透射物体（分辨率板O）。

（5）在透镜L后的一定距离处放置SLM，倾斜SLM（倾斜角度尽量小于15°），调整SLM，使光束垂直射入SLM液晶显示屏的中心，光束经SLM反射，透过偏振片P_2，射入CCD相机。

（6）放置CCD相机时，尽量使CCD相机靶面与SLM液晶显示屏面平行，CCD相机到SLM的距离根据加载在SLM上的相位掩膜球面波焦距而定。

（7）搭建好光路后，连接SLM电源开关和数据传输线，打开图像采集系统程序，并选择SLM模式。选择读入SLM的相位掩膜路径，设定采图总数及采图间隔，点击"开始采图"，进行图像采集。

（8）重复步骤（7），采集10组数据，选择最佳再现距离，应用三步再现程序或四步再现程序计算出再现像，分析再现像的质量。

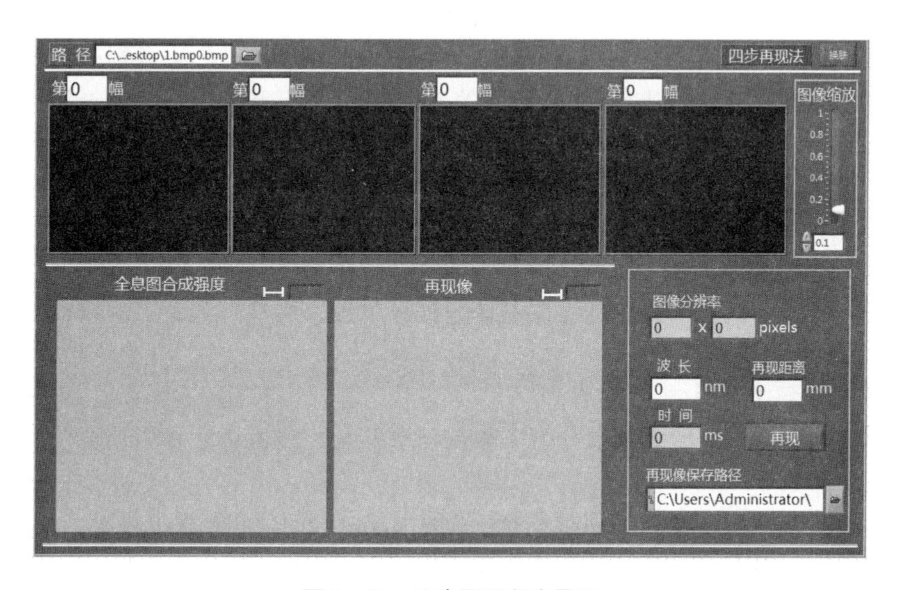

图5-23 四步再现程序界面

第6章　数字全息显微技术

一、实验意义

数字全息术于20世纪60年代由Goodman和Laurence提出。当时没有理想的记录材料和高速的计算机作为硬件支持，使得其发展较慢。随着CCD等光电探测器件的发展，以及计算机技术的进步，数字全息术得到了较快发展。现在数字全息术研究工作涉及的范围非常广泛，包括形貌测量、变形测量、振动测量等。

由于CCD的分辨率远远比传统的全息干板要低，所以如何提高数字全息分辨率是一个研究的热点。数字全息横向分辨率与系统的数值孔径有关，提高数字全息横向分辨率的方法有缩短记录距离，利用合成孔径的办法记录多幅全息图，以及利用显微物镜把物体成放大像再进行记录。其中利用显微物镜成像的方法叫作数字全息显微术。数字全息显微术可以有效提高系统的横向分辨率，然而，由于显微物镜的使用，会引入球面相位因子，从而对待测物体的相位造成相位曲变，使得待测相位无法观察。

针对数字全息显微术存在的基本问题，本实验采用了两种方法来改善分辨率，并解决引入这两种方法带来的技术问题。

二、实验目的与要求

本实验是传统光信息处理、光电器件、计算机等先进技术交叉的现代光学实验，旨在于让学生了解全息数字化的广泛应用和科研价值，同时提高利用课本知识与课外知识综合解决科学问题的能力。

本实验要求学生了解数字全息的基础知识，理解光的干涉和衍射的原理，了解图像传感器的基本性能和使用方法。除课本介绍的知识外，要求学生自行查找相关参考文献，学习和掌握实验的基本原理。了解系统关键器件SLM的应用，通过使用实验室提供的仪器设备，能够测量待测物体的振幅和相位，改善数字全息系统的分辨率。会使用相关算法来消除干涉过程中引入的背景项和共轭项，能够使用计算机来控制系统进行数据采集与分析处理。

完成论文型实验报告，实验报告应包含题目、中英文摘要、关键词、论文主体、参考文献等要素，其中论文主体包括引言、实验原理、实验方法、实验数据的处理及结果、结论等部分。

三、实验环境与器材

光学平台，He-Ne激光器，分辨率板，显微物镜，分束镜，常用光学元件及支架若干。

CCD摄像头、压电陶瓷微位移平台、数据采集及控制卡和图像采集卡。

计算机、SLM图像输出软件及其他相关软件。

其他相关程序及仪器设备。

6.1　数字全息显微技术

6.1.1　实验目的

（1）本实验要求学生自行查找相关资料来补充学习和掌握实验的基本原理，并掌握提高数字全息横向分辨率的常用方法，了解其优缺点。

（2）通过实验室提供的仪器设备，根据自己的理解设计能改善数字全息横向分辨率的实验方案和数据处理方案。

6.1.2　实验原理

本实验通过两种技术来提高数字全息横向分辨率：第一种是预放大数字全息术，该方法通过在记录过程中引入一个放大透镜来扩大数字全息系统的数值孔径，从而提高系统的分辨率。第二种是利用合成孔径的方法，该方法在记录全息图时移动 CCD 的位置，记录多幅数字全息图，通过对记录的多幅数字全息图进行有效的拼接，扩大实际记录面的尺寸，从而扩大数字全息系统的数值孔径，提高横向分辨率。

一、数字全息的基本原理

图 6 - 1 是光的衍射原理示意图，物光从面 $x_O y_O$ 发出，到达 $x_H y_H$ 平面，物光波前的这一传播过程，我们可以用基尔霍夫衍射公式来表示：

$$O(x_H, y_H) = \frac{1}{j\lambda}\iint_{\Sigma} O_O(x_O, y_O)\frac{\exp(jkr_{OH})}{r_{OH}}K(\theta)\mathrm{d}x_O\mathrm{d}y_O \tag{6.1}$$

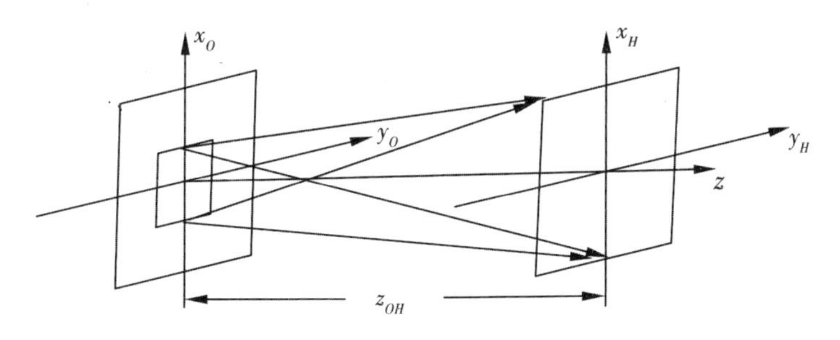

图 6 - 1　光的衍射原理示意图

其中，$j=\sqrt{-1}$，λ 为光波波长，k 为波矢 $O_O(x_O, y_O)$ 为物光在 $x_O y_O$ 平面的复振幅，$K(\theta)$ 为倾斜因子，通常情况下，我们把倾斜因子视为 1，r_{OH} 为物面上任意一点到 $x_H y_H$ 平面任意一点距离。

$$r_{OH} = \sqrt{Z_{OH}^2 + (x_H - x_O)^2 + (y_H - y_O)^2} \tag{6.2}$$

根据教材上的推导，很容易得出以下结论：

菲涅耳衍射（满足 z 足够大的衍射范围）：

$$O(x_H, y_H) = \frac{1}{j\lambda z_{OH}}\exp(jkz_{OH})\exp\left[\frac{jk}{2z_{OH}}(x_H^2 + y_H^2)\right] \times \iint_{\Sigma} O(x_O, y_O)\exp\left[\frac{jk}{2z_{OH}}(x_O^2 + y_O^2)\right]\exp\left[-\frac{jk}{2z_{OH}}(x_O x_H + y_O y_H)\right]\mathrm{d}x_O\mathrm{d}y_O \tag{6.3}$$

当观察面离开孔径平面的距离 z_{OH} 进一步增大的时候，使其不仅满足菲涅耳衍射公式，还使

$$\frac{jk}{2z_{OH}}(x_O^2 + y_O^2)_{\max} \ll 2\pi \tag{6.4}$$

夫琅禾费衍射公式可以表示为：

$$O(x_H, y_H) = \frac{1}{j\lambda z_{OH}}\exp(jkz_{OH})\exp\left[\frac{jk}{2z_{OH}}(x_H^2 + y_H^2)\right] \times \iint_{\Sigma} O(x_O, y_O)\exp\left[-\frac{jk}{z_{OH}}(x_O x_H + y_O y_H)\right]\mathrm{d}x_O\mathrm{d}y_O \tag{6.5}$$

二、数字全息系统的基本问题——横向分辨率

数字全息系统的分辨率由数字全息系统所能记录到的物光最高空间频率决定。图 6-2 为数字全息记录光路示意图，z_{OH} 为物平面到 CCD 平面的距离，L_{ob} 和 L_{CCD} 分别是物体和 CCD 的大小。O 是物体的中心，位于系统的光轴上。

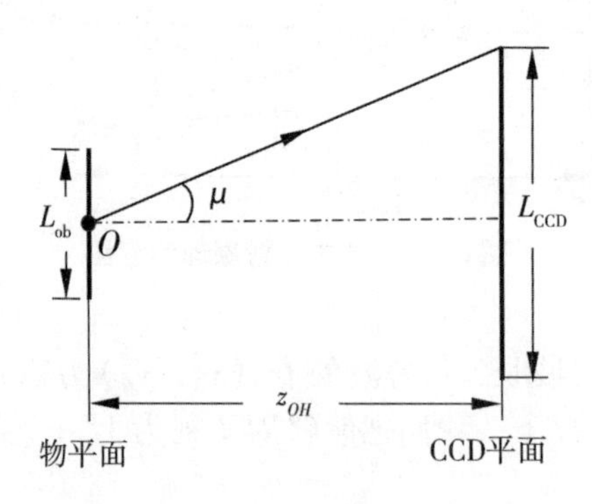

图 6-2　数字全息记录光路示意图

从图中可以看出，CCD 收集到的物光最高空间频率 $f_{\max} = \sin\mu/\lambda$，对应数字全息系

统的极限分辨率 $\xi_{\max}$ 为：

$$\xi_{\max} = \frac{1}{\varepsilon_{\max}} = \frac{\sin\mu}{\lambda} = \left[\lambda \sqrt{\left(\frac{2z_{OH}}{L_{\mathrm{CCD}}} \right)^2 + 1} \right]^{-1} \tag{6.6}$$

其中，$\varepsilon_{\max}$ 为系统的极限分辨距离，$\sin\mu$ 为全息系统的数值孔径（NA）。当 $z_{OH} \gg L_{\mathrm{CCD}}$ 时，$\left(\frac{2z_{OH}}{L_{\mathrm{CCD}}} \right)^2 \gg 1$，式（6.6）可化简为：

$$\xi_{\max} = \frac{1}{\varepsilon_{\max}} = \frac{NA}{\lambda} \approx \frac{L_{\mathrm{CCD}}}{2\lambda z_{OH}} \tag{6.7}$$

从式（6.7）可以看出，数字全息系统的分辨率与系统的数值孔径成正比，与记录波长成反比：数值孔径越大，系统的分辨率越高；记录波长越短，系统的分辨率越高。

三、提高记录系统的数值孔径来提高横向分辨率的两种方法

1. 数字全息显微术之一——预放大数字全息术

预放大数字全息术利用显微物镜的放大性质，使待测物体经放大后成像于某一位置，然后，以像所发出的光作为物光，传播到 CCD 平面上，再与参考光干涉，并记录全息图。在参考光干涉前预先引入显微物镜，使得系统的数值孔径增大，从而提高了系统的分辨率。

图 6－3 是预放大数字全息术的成像结构图，CCD 位于显微物镜和像之间，物体通过显微物镜成像于 CCD 后面，在进行数字全息图的记录过程中，相当于物体所成的像和参考光 R 发生干涉。图中，$x_O y_O$ 面是物平面，$\zeta\eta$ 面是显微物镜平面，$x_H y_H$ 面是全息记录平面，$x_i y_i$ 面是物体通过显微物镜所像的像平面。显微物镜的焦距为 f，CCD 和成像面距离为 z_{OH}，物距为 d_O，像距为 d_i。

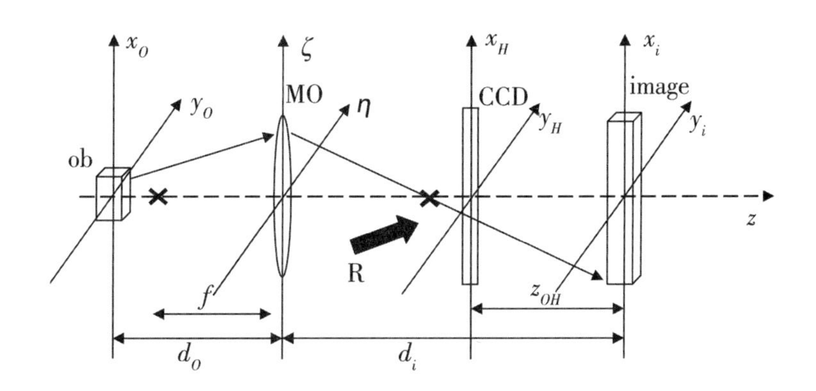

图 6－3　预放大数字全息术的成像结构图

然而，显微物镜的引入使待测相位叠加了显微物镜自身的球面相位因子，从而会使待测物体的波前相位产生畸变。这种相位畸变，在重构复振幅的时候，虽然不会对强度有影响，但会对待测物体的相位产生影响。因此，如果使用预放大数字全息术来获取相位分布，需要去除显微物镜的相位才能得到原来物体的相位分布。经过显微物镜后的物光场为：

$$\begin{aligned} O_i(x_i, y_i) &= \iint H(x_i, y_i; x_O, y_O) O(x_O, y_O) \mathrm{d}x_O \mathrm{d}y_O \\ &= \frac{1}{\lambda^2 d_O d_i} \exp\left[\frac{j\pi}{\lambda d_i}\left(1 + \frac{d_O}{d_i}\right)(x_i^2 + y_i^2)\right] \times \\ &\quad \iint \delta(x_i + Mx_O, y_i + My_O) O(x_O, y_O) \mathrm{d}x_O \mathrm{d}y_O \\ &= \frac{1}{\lambda^2 d_O d_i} \exp\left[\frac{j\pi}{\lambda d_i}\left(1 + \frac{d_O}{d_i}\right)(x_i^2 + y_i^2)\right] \times O(-Mx_O, -My_O) \end{aligned} \tag{6.8}$$

由式（6.8）可以看出，由于引入显微物镜，物光 O 引进了放大因子 M 并得到了放大，但同时，像光场在相位上比物光场多出了一项 $\exp\left[\frac{j\pi}{\lambda d}\left(1+\frac{d_O}{d_i}\right)(x_i^2+y_i^2)\right]$相位因子。该相位因子是由显微物镜引入的，具有二次曲面形式，造成了待测物体的相位畸变。

矫正的方法：利用相相位减法在畸变相位中减去显微物镜的球面二次相位，从而求出待测相位。

全息干涉记录的光强为：

$$\begin{aligned} I(x_H, y_H) &= |O(x_H, y_H) + R(x_H, y_H)|^2 \\ &= O^2 + R^2 + O^*(x_H, y_H)R(x_H, y_H) + O(x_H, y_H)R^*(x_H, y_H) \\ &= O^2 + R^2 + O(x_H, y_H)R(x_H, y_H)\exp\{-j[\varphi_O(x_H, y_H) - \varphi_R(x_H, y_H)]\} + \\ &\quad O(x_H, y_H)R(x_H, y_H)\exp\{j[\varphi_O(x_H, y_H) - \varphi_R(x_H, y_H)]\} \\ &= O^2 + R^2 + OR\cos[\varphi_O(x_H, y_H)] \end{aligned} \tag{6.9}$$

在相移相位干涉测量中，我们对参考光引入相移量，并对应地采集三幅以上相移干涉条纹图，继而计算出待测相位。四步相移中，我们在一个周期内采集四幅相移全息图，每幅图中的参考光相相位差 π/2，那么四幅相移全息图的光强分别是：

$$\begin{cases} I_1(x_H, y_H) = O^2 + R^2 + OR\cos[\varphi_O(x_H, y_H)] \\ I_2(x_H, y_H) = O^2 + R^2 - OR\sin[\varphi_O(x_H, y_H)] \\ I_3(x_H, y_H) = O^2 + R^2 - OR\cos[\varphi_O(x_H, y_H)] \\ I_4(x_H, y_H) = O^2 + R^2 + OR\sin[\varphi_O(x_H, y_H)] \end{cases} \tag{6.10}$$

从这四个公式我们可以得到待测相位：

$$\varphi_O(x_H, y_H) = \arctan\frac{I_4(x_H, y_H) - I_2(x_H, y_H)}{I_1(x_H, y_H) - I_3(x_H, y_H)} \tag{6.11}$$

对于数字全息显微术来说，从相移相位测量得到的相位是包含显微物镜带来的球面二次相位因子的，而并非待测相位本身。在利用相相位减法对待测相位进行相位校正的过程中，首先在光路中放入待测物体，记录四幅相移全息图，从中求出待测相位。然而，该相位中包含了待测物体相位和显微物镜的相位。为了去除待测物体中包含的显微物镜的球面相位（相位畸变），可以拿掉待测物体，保持光路不变，用同样的光路记录四幅相移全息图，从中求出相位，最后得到的相位只有显微物镜的相位。把两次得到的相相位减，从中减去显微物镜的球面相位，最终得到待测物体的相位。

由于显微物镜的球面相位因子超过 $\left[-\frac{\pi}{2}, \frac{\pi}{2}\right]$ 的范围，即使待测物体的相位没有超过该范围，它和球面相位因子叠加得到的相位也会超过该范围，因此在两次获取相位的过程中，都需要进行相位解包，解包后的相位才能相减。

2. 数字全息显微术之二——合成孔径数字全息术

根据数字全息系统的分辨率公式 $\xi_{\max} \approx \frac{L_{\mathrm{CCD}}}{2\lambda z_{OH}}$ 可知，数字全息系统分辨率的高低与CCD的大小成正比，因此通过合成孔径技术增加CCD有效面积的方法可以显著提高数字全息系统的分辨率。图6-4为合成孔径数字全息记录示意图，通过在记录面上左右上下移动CCD的位置，并记录 $M \times N$ 幅数字全息图。在记录时保持参考光不变，再现时，先把 $M \times N$ 幅数字全息图拼接成一幅面积为 $ML_{x\mathrm{CCD}} \times NL_{y\mathrm{CCD}}$ 的大数字全息图，用单一再现光数字再现，则合成孔径数字全息系统的分辨率比原来提高了 M 倍（x 轴方向）和 N 倍（y 轴方向）。

$$\xi'_{x\max} = \frac{ML_{x\mathrm{CCD}}}{2\lambda z_{OH}} = M\xi_{x\max},\ \xi'_{y\max} = \frac{NL_{y\mathrm{CCD}}}{2\lambda z_{OH}} = N\xi_{y\max} \tag{6.12}$$

其中，$\xi'_{x\max}$ 和 $\xi'_{y\max}$ 分别为合成孔径数字全息系统在 x 轴和 y 轴方向的分辨率。

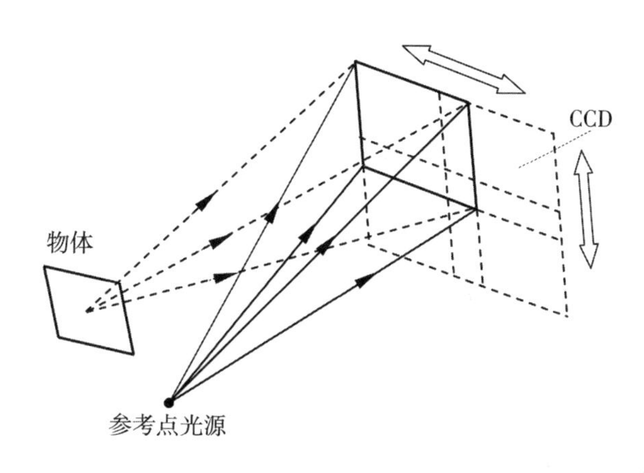

图6-4　合成孔径数字全息记录示意图

以点光源球面波作为参考光，假设参考点光源和物体上任意一点的位置坐标分别为（x_{ROi}，y_{ROi}）和（x_O，y_O），在保持所有记录条件不变的情况下，如果CCD在第i个位置记录的区域表示为Σ_i，则对应区域的物光场和参考光场分别表示为$O_{\Sigma_i}(x_H, y_H, x_O, y_O)$和$R_{\Sigma_i}(x_H, y_H, x_O, y_O)$，相应所记录到的子数字全息图为$I_{\Sigma_i}(X_H, Y_H)$。利用数字图像处理中的图像拼接技术，我们可以把记录到的全部子数字全息图拼接成一个大孔径的数字全息图。

$$\begin{aligned} I(x_H, y_H) &= \sum_{i=0}^{N-1} I_{\Sigma_i}(x_H, y_H) = \sum_{i=0}^{N-1} |O_{\Sigma_i}(x_H, y_H, x_O, y_O) + R_{\Sigma_i}(x_H, y_H, x_{ROi}, y_{ROi})|^2 \\ &= \sum_{i=0}^{N-1} (|O_{\Sigma_i}|^2 + |R_{\Sigma_i}|^2 + O_{\Sigma_i} R^*_{\Sigma_i} + O^*_{\Sigma_i} R_{\Sigma_i}) \end{aligned} \tag{6.13}$$

对图像的拼接扩大了记录装置的数值孔径，使记录的全息图包含了更多物光的高频衍射信息，从而有利于提高数字全息系统的分辨率。

一般情况下，在记录中采用同一参考光进行各子数字全息图的记录，则合成孔径数字全息图的再现可以用两种方法来实现：一种是把所有子数字全息图拼接合成一幅大数字全息图后，用与原参考光相同的模拟再现光场进行数字再现，称为合成后再现法。

$$\begin{aligned} A(x_I, y_I) &= \sum_{i=0}^{N-1} I_{\Sigma_i}(x_H, y_H) C(x_H, y_H) \\ &= \sum_{i=0}^{N-1} |O_{\Sigma_i}(x_H, y_H, x_O, y_O) + R_{\Sigma_i}(x_H, y_H, x_{ROi}, y_{ROi})|^2 R(x_H, y_H) \\ &= R\sum_{i=0}^{N-1} (|O_{\Sigma_i}|^2 + |R_{\Sigma_i}|^2 + O_{\Sigma_i} R^*_{\Sigma_i} + O^*_{\Sigma_i} R_{\Sigma_i}) = I(x_H, y_H) R \end{aligned} \tag{6.14}$$

另一种是先用与原参考光相同的模拟再现光场对每一幅子全息图进行数字再现，再将各个子全息图数字再现光场的复振幅叠加起来，得到总的再现光场，称为再现后合成法。

$$\begin{aligned} A(x_I, y_I) &= \sum_{i=0}^{N-1} I_{\Sigma_i}(x_H, y_H) C(x_H, y_H) \\ &= \sum_{i=0}^{N-1} |O_{\Sigma_i}(x_H, y_H, x_O, y_O) + R_{\Sigma_i}(x_H, y_H, x_{ROi}, y_{ROi})|^2 R(x_H, y_H) \\ &= R\sum_{i=0}^{N-1} (|O_{\Sigma_i}|^2 R + |R_{\Sigma_i}|^2 R + O_{\Sigma_i} |R_{\Sigma_i}|^2 + O^*_{\Sigma_i} |R_{\Sigma_i}|^2) \\ &= \sum_{i=0}^{N-1} A_{\Sigma_i}(x_1, y_1) \end{aligned} \tag{6.15}$$

式（6.15）中，$A(x_I, y_I)$ 为总的再现光场，$C(x_H, y_H)$ 为模拟数字再现光，$R_{\Sigma_i}(x_H, y_H, x_{ROi}, y_{ROi})$ 为记录时的参考光。

四、实验光路图

相移合成孔径同轴无透镜傅里叶数字全息光路如图 6－5 所示：

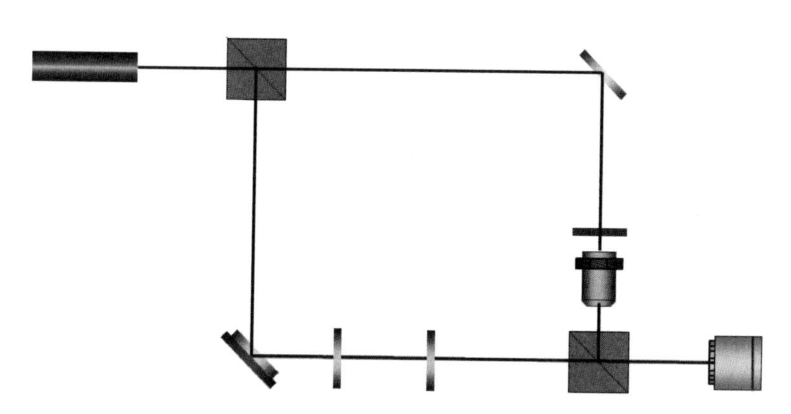

图 6－5　相移合成孔径同轴无透镜傅里叶数字全息光路

6.1.3　实验器材

光学平台；He-Ne 激光器；分辨率板；显微物镜；分束镜；常用光学元件及支架若干；CCD 相机；SLM；数据采集及控制卡和图像采集卡；电脑；其他相关程序及仪器设备。

6.1.4　实验内容与步骤

（1）打开激光器，调节激光器输出的光束使其与工作台面平行，用自准直法调节各光学元件表面使其与激光束主光线垂直。

（2）调节共路系统，按照图 6－5 搭建光路。首先是共路系统的调节，在不加显微物镜和透镜的情况下调节共路系统，打开电脑，用 labview 驱动 CCD，打开 CCD 监视系统，把光路的一路遮挡住，把另一路的光斑打到 CCD 靶面的中心，保持该路不变，调节另一路使其光斑也打到 CCD 中心，此时两路光共路在 CCD 上均不会有干涉条纹出现，而只有一个圆斑。如果不是共路则会出现干涉条纹，因此我们在做实验前就要通过观察条纹的情况来将其调成共路系统。如果干涉条纹是上下条纹，说明两路光有上下的高度差；如果是左右条纹，则说明两路光有左右偏差；如果是斜条纹，则先把其调成上下条纹或者左右条纹的形式再进行下面的调节。保证其中一路不变，调节另一路的反射镜和 BS_2，可用各半调节法来调节使其达到共路。

（3）调节好共路系统后，把透镜、显微物镜和样本按照图 6－5 加入光路中，要保证光线从透镜和显微物镜中心射入，再从中心射出。

（4）对比度的调节。在两路加上不同的光学器材会导致两路的光强不同，一般当两路光强相同时，干涉条纹的对比度才会达到最强。通过在不同的光路加衰减片或者偏振片可以达到想要的效果。

6.1.5 思考题

(1) 预放大数字全息术和合成孔径数字全息术分别有何优缺点?

(2) 如何去除由显微物镜引起的二次相位畸变?

(3) 预放大数字全息术和合成孔径数字全息术分别有何改进的地方?

(4) 除了书中介绍的两种方法之外，还有哪些方法可以提高横向分辨率?

附　录

1　数据获取与处理方法规范性要求

1.1　国际单位制与我国法定计量单位简介

我国的法定计量单位包括国际单位制（SI）的基本单位、国际单位制中具有专门名称的导出单位、国家选定的非国际单位制单位，分别如附表1－1、1－2、1－3所示。

附表1－1　国际单位制（SI）的基本单位

量的名称	单位名称	单位符号	量的名称	单位名称	单位符号
长度	米	m	热力学温度	开〔尔文〕	K
质量	千克（公斤）	kg	物质的量	摩〔尔〕	mol
时间	秒	s	发光强度	坎〔德拉〕	cd
电流安	安〔培〕	A			

附表1－2　国际单位制中具有专门名称的导出单位

量的名称	单位名称	单位符号	量的名称	单位名称	单位符号
平面角	弧度	rad	立体角	球面度	sr
频率	赫〔兹〕	Hz	磁通量	韦〔伯〕	Wb
力；重力	牛〔顿〕	N	磁通量密度，磁感应强度	特〔斯拉〕	T
压力，压强；应力	帕〔斯卡〕	Pa	电感	亨〔利〕	H
能量；功；热	焦〔耳〕	J	摄氏温度	摄氏度	℃
功率；辐射通量	瓦〔特〕	W	光通量	流〔明〕	lm

（续上表）

量的名称	单位名称	单位符号	量的名称	单位名称	单位符号
电荷量	库〔仑〕	C	光强度	勒〔克斯〕	lx
电位；电压；电动势	伏〔特〕	V	放射性活度	贝可〔勒尔〕	Bq
电容	法〔拉〕	F	吸收剂量	戈〔瑞〕	Gy
电阻	欧〔姆〕	Ω			
电导	西〔门子〕	S	剂量当量	希〔沃特〕	Sv

附表 1－3　国家选定的非国际单位制单位

量的名称	单位名称	单位符号	量的名称	单位名称	单位符号
时间	分	min	速度	节	kn
	时	h	质量	吨	t
	天	d		原子质量单位	u
平面角	〔角〕秒	″	体积	升	L，(l)
	〔角〕分	′	能	电子伏	eV
	度	°	级差	分贝	dB
旋转速度	转每分	r/min	线密度	特〔克斯〕	tex
长度	海里	n mile	面积	公顷	hm^2，(ha)

1.2　有效数字

测量数据的有效数字的位数必须与测量的精度保持一致；数据处理中严格遵守有效数字的运算规则。在采集有效数字的过程中，不能以单次测量值作为依据，必须多次采集（一般不少于3次）同一点的数据，然后取平均值作为最后的有效数字。在运算的过程中，千分位数值已经不可靠，没有必要保留因计算引起的万分位数值。

2 实验教学常用测量方法

光学实验测量方法以其富含启发性和创造性的物理量之间的各种效应渗透到各个学科领域，使实验科学加速向高精度、快速、遥感及自动化测量方向发展。实验证明，学习、掌握实验方法的精髓对提高科学素养和实验能力是非常有益的。

2.1 比较法

比较法是物理测量中最普遍、最基本的测量方法，是通过将被测量与标准量进行比较来得到测量值的。通常将被测量与标准量通过测量装置进行比较，当它们产生效果相同时，两者相等。

2.2 转换法

在科学实验和实践中，有许多物理量很难用仪器直接测量，或由于条件所限，无法提高测量的准确度。此时，可以根据物理量之间的定量关系，把不易测量的物理量转换成容易测量的物理量进行测量，之后再反求得待测物理量。

2.3 模拟法

在探索物质的运动规律时，经常会碰到一些特殊的情况，比如研究对象过分庞大、危险，变换缓慢等限制，以致难于对研究对象直接进行测量。此时可以根据相似理论，制造出一个类似于研究对象的物理现象或模型，用对模型的测量代替对实际对象的测量。

2.4 干涉法

所谓干涉法是将一列行波分为两个或两个以上波列，并使它们在同一区域叠加形成稳定的干涉图像，通过对干涉图样的分析而研究行波特性的一种方法。干涉法可将瞬息变化难以测量的动态研究变为稳定的静态对象——干涉图样，从而简化了研究方法，提高了准确度。常见的干涉法有驻波法和衍射法。

2.5 计算机仿真

计算机仿真是一种利用软件或设计仿真仪器并建立仿真实验室，以供实验者在仿真环境中使用的方法。这种方法利用计算机技术把实验设备、教学内容和要求、教师指导、仪器等有机结合在一起，使实验教学的内涵在时间和空间上得到延伸。

仿真实验可以选用“大学物理实验2.0版”客户端程序，其中有分光计实验、法布利—珀罗标准具实验、薄透镜成像规律研究实验、偏振光研究实验、平面光栅摄谱仪实验、迈克尔逊干涉仪研究实验、光学设计实验等软件操作。

3 实验教学的误差分析及处理

3.1 系统误差的来源

任何一个物理量的测量过程往往受到测量仪器、测量方法、周围环境、实验者的技能和习惯的影响，不可能做到完美。还有一些偶然因素，包括人类还没有掌握而实际上却干扰实验的因素。在分析过程中应抓住主要因素。同一个实验测量结果的误差也不一样，应该做到具体问题具体分析。

3.2 系统误差的消除方法

光学测量对象的真实值大多是未知的，只有在测量的重复性非常稳定的情况下，通过随机误差的计算，才可以求出测量数值在某一数值范围内的概率。在实验过程中要随时避免引进导致系统误差的因素，并要分析产生系统误差的原因。

消除系统误差的基本途径：一是设法消除它；二是用修正量去修正它；三是用实验方法来抵消它。在光学实验中常用的实验方法有：

（1）为了提高测量的准确度，在制作仪器时应采取一些措施来消除系统误差。

（2）在光学实验中可以引入修正量，对结果进行修正，使测量的准确度得到提高。这里应强调在光学测量中往往在一定条件下才能引入修正量。若忽略这一点，盲目引入或套用他人的修正量，将会影响实验结果的准确度。

（3）实验中的光路安排、仪器的调整以及实验环境条件都可能引起系统误差，我们可以采取相应的措施加以修正。

（4）用一些实验方法，使测量的系统误差得到补偿或抵消。

3.3 逐差法和最小二乘法

3.3.1 逐差法

逐差法是处理数据的一种常用方法。当自变量等间隔变化，且两个量又呈现线性变化时，可以采用逐差法处理数据。利用逐差法求平均值时，不能逐项求差。对于测量结果 x_1，x_2，…，x_{2n}，逐项求差再取平均值，结果为：

$$\bar{x}=\frac{1}{2n}\sum_{i=1}^{2n-1}(x_{i+1}-x_i)=\frac{1}{2n}(x_{2n}-x_1) \tag{3.1}$$

所得结果只与始末数据有关，与中间数据无关，没有达到多次测量减小误差的目的。采用逐差法处理数据可以避免中间数据被抵消的现象。它的处理方法是：将测量结果的偶数个测量数据平均分为两组，将两组数据中的对应项求差，然后取平均值，表示为：

$$\bar{x}=\frac{1}{n}\sum_{i=1}^{n}\overline{b_i}=\frac{1}{n}\sum_{i=1}^{n}(x_{i+n}-x_i) \tag{3.2}$$

3.3.2　最小二乘法

两变量 x，y 满足线性关系。若通过实验测得一组数据（x_i，y_i），显然它们是有误差的。如果误差主要来源于 y，而 x 的误差较小可以忽略不计，我们就可以对这组数据进行线性拟合，找出一条最佳直线，使线上对应点的坐标 $\hat{y}=kx_i+b$ 与实验值 y_i 偏差的平均平方和最小。下面通过微分求极值的方法将最佳参量 k，b 求出来：

$$\sum_{i=1}^{n}(\hat{y}_i-y_i)^2=\sum_{i=1}^{n}(kx_i+b-y_i)^2 \tag{3.3}$$

分别对 k，b 求导，并令其等于0，即

$$\begin{aligned}\frac{\partial}{\partial k}\sum_{i=1}^{n}(kx_i+b-y_i)^2&=2\sum_{i=1}^{n}(kx_i+b-y_i)x_i=0\\ \frac{\partial}{\partial b}\sum_{i=1}^{n}(kx_i+b-y_i)^2&=2\sum_{i=1}^{n}(kx_i+b-y_i)=0\end{aligned} \tag{3.4}$$

令 $\bar{x}=\sum_{i=1}^{n}\frac{x_i}{n}$，$\bar{y}=\sum_{i=1}^{n}\frac{y_i}{n}$，则可化为：

$$\begin{aligned}k\sum_{i=1}^{n}x_i^2+nb\bar{x}-\sum_{i=1}^{n}x_iy_i&=0\\ k\bar{x}+b-\bar{y}&=0\end{aligned} \tag{3.5}$$

解得：

$$k = \frac{n\sum x_i y_i - \sum x_i \sum y_i}{n\sum x_i^2 - (\sum x_i)^2}$$
$$b = \sum \frac{y_i}{n} - k\sum \frac{x_i}{n} = \bar{y} - k\bar{x} \tag{3.6}$$

在实际问题中，当变量之间不是线性关系时，可以通过适当的变换关系，将不少曲线问题能化为线性相关问题。需要注意的是，经过变换，变量之间也不一定满足最小二乘法的限定条件，反而会产生一些新的问题，这时应当采取更合适的曲线拟合方法。

参考文献

1. 郁道银，谈恒英. 工程光学 [M]. 北京：机械工业出版社，2011.

2. 贺顺忠. 工程光学实验教程 [M]. 北京：机械工业出版社，2007.

3. 罗元，胡章芳，郑培超. 信息光学实验教程 [M]. 哈尔滨：哈尔滨工业大学出版社，2011.

4. 陈家璧. 激光原理与应用 [M]. 北京：电子工业出版社，2004.

5. 周炳琨，高以智，陈倜嵘，等. 激光原理 [M]. 北京：国防工业出版社，2010.

6. 王国文，等. 激光与光电子技术 [M]. 上海：上海科学技术出版社，1994.

7. 李相银，等. 激光原理技术与应用 [M]. 哈尔滨：哈尔滨工业大学出版社，2004.

8. 陈士谦，范玲，吴重庆. 光信息科学与技术专业实验 [M]. 北京：清华大学出版社、北京交通大学出版社，2007.

9. 励强华，张梅恒，赵玉田. 激光原理及应用 [M]. 哈尔滨：东北林业大学出版社，2007.

10. 阎吉祥. 激光原理与技术 [M]. 北京：高等教育出版社，2011.

11. 阎吉祥. 激光原理技术与应用 [M]. 北京：北京理工大学出版社，2006.

12. 郝爱花，贺锋涛. 光信息实验教程 [M]. 西安：西安电子科技出版社，2011.

13. 赵凯华. 新概念物理教程 [M]. 北京：高等教育出版社，2004.

14. 姚启钧. 光学教程 [M]. 北京：高等教育出版社，2008.

15. 杨晓冬，邵建新，廖生鸿，等. 刀口法测量高斯光束光斑半径研究 [J]. 激光与红外，2009 (8).

16. 陆璇辉，陈许敏，张蕾，等. 刀口法测量高斯光束光斑尺寸的重新认识 [J]. 激光与红外，2002 (3).

17. 樊心民，郑义，孙启兵，等. 90/10 刀口法测量激光高斯光束束腰的实验研究 [J]. 激光与红外，2008 (6).

18. 韦占凯. 共焦球面扫描干涉仪 [J]. 分析仪器，1982 (2).

19. 康平，赵绥堂，陈天杰. 共焦型球面扫描干涉仪在激光模式分析中的应用 [J]. 中国激光，1979，6 (8).

20. 张书练，徐亭，李岩，等. 正交线偏振激光器原理与应用（Ⅰ）——正交线偏振激光的产生机理和器件研究 [J]. 自然科学进展，2004，14 (2).

21. 蔡冬梅，薛丽霞，凌宁，等. 液晶空间光调制器相位调制特性研究 [J]. 光电工程，2007，34（11）.

22. 吕国皎，吴非，杨艳. 液晶空间光调制器的研究［J］. 现代显示，2009，20（9）.

23. 郤新凯，郑亚茹. 正弦光栅的制作［J］. 物理实验，2000，20（5）.

24. 樊叔维，周庆华. 闪耀光栅的衍射特征研究［J］. 激光技术，2010，34（1）.

25. 张国发，喻洪麟. 闪耀光栅原理及其应用［J］. 重庆高教研究，2008，27（1）.

26. 刘英臣，范金坪，曾凡创，等. 白光菲涅尔非相干数字全息的记录、再现及实现［J］. 中国激光，2013，40（10）.

27. 叶必卿. 液晶空间光调制器特性研究及全在息测量中的应用［D］. 杭州：浙江大学，2006.

28. 钟丽云. 数字全息的基本问题分析及实验方法研究［D］. 天津：天津大学，2004.

29. YANG SEN，ZHANG SHULIAN. The frequency split phenomenon in a He-Ne laser with a rotational quartz plate in its cavity［J］. Optics communications，1988（68）.

30. ZHANG SHULIAN，et al. Laser frequency split by rotating an intracavity，tilt cut crystal quartz plate around its surface normal axis［J］. Optics communications，1993（97）.

31. GOODMAN J W，LAWRENCE R W. Digital image formulation from electronically detected holograms［J］. Applied physics letters，1967，11（3）.

32. JOSEPH ROSEN，GARY BROOKER. Digital spatially incoherent Fresnel holography［J］. Optics letters，2007，32（8）.